U0426775

杭州湾南岸

典型农田土壤碳储量及固碳潜力监测评价

Monitoring and Assessment of Soil Carbon Storage and Sequestration Potential of Typical Farmland in Southern Hangzhou Bay

徐明星 褚先尧 等著

图书在版编目(CIP)数据

杭州湾南岸典型农田土壤碳储量及固碳潜力监测评价/徐明星等著. —武汉:中国地质大学出版社,2021.11
ISBN 978-7-5625-5155-3

Ⅰ. ①杭…
Ⅱ. ①徐…
Ⅲ. ①耕作土壤-碳-储量-研究-杭州
Ⅳ. ①S155.4

中国版本图书馆 CIP 数据核字(2021)第 236898 号

杭州湾南岸典型农田土壤碳储量及固碳潜力监测评价		徐明星 褚先尧 等著
责任编辑:张 林	选题策划:张 林	责任校对:徐蕾蕾
出版发行:中国地质大学出版社(武汉市洪山区鲁磨路388号)		邮政编码:430074
电 话:(027)67883511	传真:67883580	E-mail:cbb@cug.edu.cn
经 销:全国新华书店		http://cugp.cug.edu.cn
开本:787mm×1 092mm 1/16	字数:135千字	印张:5.25
版次:2021年11月第1版	印次:2021年11月第1次印刷	
印刷:武汉中远印务有限公司		
ISBN 978-7-5625-5155-3		定价:68.00元

如有印装质量问题请与印刷厂联系调换

《杭州湾南岸典型农田土壤碳储量及固碳潜力监测评价》

编委会

徐明星　褚先尧　傅野思

潘卫丰　陈小磊　龚冬琴

蔡子华　柴彦君　宋金秋

前言

根据《IPCC 第五次评估报告》(2014),归因于化石燃料燃烧等人类活动影响,全球大气 CO_2、CH_4、N_2O 等温室气体含量已经达到了过去 80 年来的最高浓度水平。为了积极应对全球气候变化,我国政府庄严承诺 2030 年前实现碳达峰、2060 年前实现碳中和。土壤碳库作为陆地生态系统碳库的最大组成部分,其表层 1m 深的土壤碳储量达 2500Pg($1Pg=10^9 t$),其微小变化即可导致大气 CO_2 含量的巨大变化(Lal,2008,2016)。因此,在 2021 年 3 月 15 日的中央财经委员会第九次会议中,明确将有效发挥土壤在内的生态系统的固碳能力,提升生态系统碳汇增量列为"十四五"期间的关键工作之一。

鉴于 4‰ 土壤碳储量的年增长率能够补偿大气 CO_2 的增加,国际社会因此启动了"千分之四(4 per mille)"计划(Lal et al.,2015)。尽管"千分之四"计划被认为只是一个概念(或者是口号)(Minasny et al.,2018),但它依然反映了在全球范围内对土壤有机碳(SOC,Soil Organic Carbon)固存潜力和速率进行评估是研究热点(Arrouays and Horn,2019;Tao et al.,2019;Chen et al.,2018)。与自然土壤相比,农田土壤在全球碳库中最活跃,在自然因素和农业管理措施(施肥、耕作、灌溉等)的作用下,农田土壤碳库不断变化。农田土壤有机碳固存,不仅能将大气中的 CO_2 转换为土壤碳,还有助于提升粮食安全,被认为是重要的温室气体调控策略(Minasny et al.,2017)。因此,监测评价农田土壤碳储量变化,研究农田土壤有机碳的固碳潜力,对于科学合理制定国家和地方碳减排策略具有至关重要的意义。

早在"十二五"时期,国务院即提出了碳减排的计划,国土资源部(现为自然资源部)提出了有关地质响应的对策研究。为落实国务院和国土资源部的工作部署,浙江省国土资源厅(现为浙江省自然资源厅)在2010年即适时提出了开展全省地质碳汇潜力调查评价的工作要求,2020年浙江省自然资源厅立项开展基于高光谱技术的耕地质量监测研究,并以杭州湾南岸典型农田为研究对象,试点开展了土壤碳储量及固碳潜力监测研究。试点研究以2002—2005年期间开展的浙江省主要平原耕地区多目标区域地球化学调查数据为基础,通过与其他期次调查数据进行比较分析,估算杭州湾南岸典型农田的土壤碳储量,评价土壤固碳潜力,为浙江省从土壤固碳增汇角度制定应对气候变化的政策制度提供科学依据。

  本项研究由浙江省地质调查院完成。研究工作得到了浙江省自然资源厅的大力支持和慈溪市自然资源局的积极配合。承担项目工作的主要有徐明星、褚先尧、傅野思、潘卫丰、陈小磊、龚冬琴、蔡子华、柴彦君、宋金秋等同志。施丽莎承担了项目资料整理与归档、汇交工作。浙江省地质矿产研究所承担了样品分析测试工作,浙江大学农业遥感与信息技术应用研究所承担了土壤样品室内高光谱数据测试工作,在此一并表示衷心的感谢!

著 者
2021年8月

目 录

第一章　研究现状 ·· (1)

　　第一节　浙江省土壤碳地球化学调查 ·· (1)

　　第二节　相关研究现状 ·· (1)

　　第三节　问题与展望 ·· (3)

第二章　研究区概况 ·· (5)

　　第一节　交通位置 ·· (5)

　　第二节　地形地貌 ·· (6)

　　第三节　气候特征 ·· (6)

　　第四节　围垦历史 ·· (7)

　　第五节　土壤类型及成土母质 ··· (8)

第三章　研究内容与技术方法 ··· (11)

　　第一节　研究内容与技术路线 ··· (11)

　　第二节　技术方法与质量述评 ··· (12)

　　第三节　数据来源与分析处理 ··· (17)

第四章　土壤碳库储量及其空间分布 ·· (25)

　　第一节　土壤碳密度及其空间分布 ·· (25)

　　第二节　土壤碳储量估算 ·· (28)

　　第三节　基于高光谱技术的土壤有机碳含量反演 ························· (30)

第五章 土壤碳储量变化及其影响因素 (39)

 第一节 土壤碳库时空分布及其变化 (39)
 第二节 土壤理化性质对土壤碳库的影响 (44)
 第三节 土壤风化发育强度与有机碳含量相关性 (49)
 第四节 围垦年限的土壤有机碳库效应 (52)
 第五节 土地利用类型转化的土壤碳源汇效应 (53)

第六章 土壤固碳潜力估算 (57)

 第一节 基本概念 (57)
 第二节 固碳潜力估算 (57)
 第三节 不同估算方法固碳潜力对比 (65)
 第四节 土壤固碳潜力经济效益评价 (65)

第七章 结论与建议 (67)

 第一节 主要结论 (67)
 第二节 工作展望 (68)

主要参考文献 (69)

第一章 研究现状

第一节 浙江省土壤碳地球化学调查

土壤碳地球化学过程直接影响全球气候变化,对其研究得到了全世界的广泛关注。浙江省已开展多期次土壤碳地球化学调查工作,其中 1979—1985 年开展的全国第二次土壤普查,建立了浙江省不同类型土壤有机碳含量数据,为全省土壤固碳潜力研究提供了比照数据;2002—2005 年期间,浙江省农业地质环境调查完成了浙北平原地区、浙东沿海地区、浙中丘陵地区等浙江省主要平原农耕区 3.65 万 km^2 土壤地球化学调查,分析了土壤总碳(TC)和 SOC 含量,取得了 2 万余条数据,为全省土壤碳储量及其变化研究提供了基础资料;2007—2010 年,浙江省开展了基本农田质量调查试点项目,在慈溪市、龙游县、嘉善县按照 4 件/km^2 的样品密度调查了 TC 含量,取得了 4000 余条最新时段的土壤碳地球化学数据。

第二节 相关研究现状

一、土壤碳储量评价

欧美国家在 20 世纪 90 年代初期至中期即已完成了全球和各自国家与区域的土壤碳库估算,指出全球土壤碳库水平约为 2344Gt(1Gt=10^9t)(Stockmann et al.,2013),其中土壤有机碳储量约为 1500Gt(Batjes,1996)。相对于其他陆地生态系统,特殊的经营目的使得农田生态系统中土壤成为贮存碳的主要场所,占全球土壤碳储量的 6.37%~10.52%。我国土壤碳库水平估算也一直是我国碳循环研究领域的一项重要研究内容,20 世纪 90 年代中期已有学者开始关注和研究土壤碳库及其变化问题。生态学家方精云等(2007)对全部土壤均一化为 1m 厚度,初步估算提出中国土壤有机碳储量高达 185Pg。之后,多位学者利用不同资料和方法手段对我国土壤碳库储量进行了估算,但是结果差异较大。在第 236 次香山会议上,与会土壤学家讨论提出将 90Pg 作为中国土壤总有机碳库的默认值(赵生才,2005)。由于数据资料的代表性、空间分辨率和尺度扩张时有机碳变化趋势的不一致,虽然对我国土壤有机碳库估算结果日渐趋近,但估计值尚存在很大的不确定性。

在土壤碳储量估算方法方面,由于土壤类型、土壤剖面等数据较易获取,土壤类型法的应用最为广泛。史利江等(2010)对上海地区、奚小环等(2010)对东北平原、曾永年等(2014)对青海省果洛藏族自治州、傅清等(2010)对江西省农田的有机碳储量均做出了估算。因综合考虑了土壤碳动态过程,可以较好地反映碳库变化规律,模型模拟法正逐步成为土壤碳储量估算的前沿方法。Parton 等(1993)使用 Century 模型分析美国大平原地区 SOC 积累的控制因子,并模拟了该区表层 20cm 的 SOC 地理分布。杨学明等(2003)利用 Roth C 模型模拟研究了东北地区黑土 SOC 含量的变化。王立刚等(2010)利用 DNDC 模型计算了华北平原高产粮区(以河北省邯郸市为例)农业生态系统土壤碳储量。遥感估算法也是土壤碳储量估算的重要方法。例如,方精云(2007)基于遥感 NPP 估算数据和植被碳汇效率,估算了中国灌丛植被的碳储量。刘纪远等(2004)基于全国第二次土壤普查的土壤剖面资料和不同时期陆地卫星 TM 影像,分析了中国 1990—2000 年林地、草地、耕地之间的土地利用变化对土壤碳氮蓄积量的影响。相关关系法是通过建立 SOC 与各种影响因子之间的关系开展研究。该方法亦在相关研究领域中受到广泛应用,如对美国蒙大拿州 130 个土壤表层数据分析发现,海拔高度和平均年降水量与有机碳含量之间表现出较好的正相关(Sims and Nielsen, 1986)。由于目前遥感数据的易获取性,其遥感影像的波谱特性也被应用到该方法中。如 Feng 等(2000)基于美国佐治亚州 Crisp 县的实测数据分析了地表 SOC 含量与红、绿、蓝波段的图像亮度值之间的统计关系。

二、土壤固碳潜力估算

土壤对碳的固持并非无限增加,而是存在一个最大的保持容量,即饱和水平。估算表明,适当的农业管理措施,每年能使全球农田土壤碳库提高 $0.4 \sim 0.9 Pg$,持续 50 年,碳库累积增加 $24 \sim 43 Pg$。以美国为例,Bruce 等(1999)估计未来 20 年美国农业土壤固碳潜力为 $75 Tg/a (1 Tg = 10^6 t)$,Lal(2004)估计改善农业管理后,美国农田土壤固碳潜力在 $75 \sim 208 Tg/a$ 之间。美国地质调查局调查发现,美国的 48 个州具有吸收 $3 \sim 7 Pg$ 额外碳的潜力,这个潜力相当于现今 $2 \sim 4$ 年美国燃烧化石燃料所产生的 CO_2 排放量。就浙江省而言,韩冰等(2005)研究发现在施用化肥、施用有机肥和秸秆还田等土地管理措施下土壤的固碳潜力居全国前列,分别为 $4.62\ Tg/a$、$1.32\ Tg/a$ 和 $0.06 Tg/a$。

在土壤固碳潜力计量方面,孙文娟等(2008)系统总结了 4 种方法,包括长期定位实验结果外推法、历史观测数据比较法、土地利用方式对比法和 SOC 周转模型法。上述计量方法运用中,不同学者给出了不同的估算条件或对土壤固碳潜力界定的角度不尽相同,但不论是哪种土壤固碳潜力计算方法,首先均应当确定土壤碳库的饱和水平,一般可以采用 2 种方法:一种是将碳循环模型运行若干年后,土壤碳含量趋于稳定时的值视为饱和水平;另一种是建立土壤碳变化量与土壤有机碳含量之间的关系式,将土壤碳变化量为"0"时的土壤有机碳含量,作为土壤碳库的饱和水平(李忠佩和吴大付,2006)。未来区域或国家尺度的农田土壤固碳潜力研究,将会综合考虑气候、土壤和农业管理措施诸因素,并将宏观尺度(长期定位试验、SOC 周转模型)与微观尺度(团聚体周转、土壤碳的保护机制等)的研究有机结合起来。

三、土壤碳源汇及其影响因素研究

对土壤碳库的变化历史,即碳源或碳汇作用的研究备受国际社会和科学界的关注。在全球尺度上,自然土壤的农业利用都趋向于降低土壤的碳密度和耗减土壤碳库,全球土壤碳库的总消减估计为土壤原碳库的 5% 左右(潘根兴,2008)。受研究资料限制,我国土壤碳库的碳源碳汇效应估算还存在较大的不确定性。方精云等(2007)、许信旺等(2007)和程琨等(2009)认为我国土壤近几十年来起到了碳汇作用,而 Song 等(2005)和刘纪远等(2004)则认为我国土壤碳库为碳源。虽然全国层面的土壤碳源汇角色至今不明,但大部分专家认为南方水稻土和红壤地区的农业土壤具有碳汇作用,而关于实际土壤碳源汇分布状况,浙江省仍然缺乏全面和系统的试点调查观测资料与集成研究。

土壤碳库演变的影响因素众多,包括施肥、秸秆还田、耕作方式、土地利用方式以及气候变化等。田块尺度上,潘根兴和赵其国(2005)认为施肥显著提高了耕层土壤碳密度,而对全土碳密度没有显著影响;刘定辉等(2008)研究了秸秆还田循环利用对土壤碳库的影响,结果表明秸秆还田提高了土壤不同形态碳素含量和碳库管理指数及养分含量,而旋耕(表土 12~13cm 耕作)比免耕更能改善土壤有效碳库质量。区域尺度上,我国东北平原由于气候变化和土地利用变化成为土壤碳源区(Xi et al.,2011);华北和华东地区由于近几十年来农业耕作水平的提高,土壤碳明显增加,形成了客观的碳汇;我国西北半干旱地区 20 世纪 80 年代至 21 世纪初,由于土地利用方式的变化土壤有机碳库增加了 2.55Tg(Yu et al.,2018)。

第三节 问题与展望

农田土壤碳库演化及其固碳潜力监测评价是当前应对气候变化研究的热点课题之一。全球和区域尺度的土壤碳库演化及其驱动因素多以模型模拟进而以点推面,缺乏全面的调查与评价;田块和局地尺度的土壤碳储量变化及其固碳潜力评价往往可以通过长期定位试验与多期次调查成果对比分析得出。土壤固碳潜力估算的方法技术目前仍处于探索研究阶段,准确估算农田土壤碳储量和固碳潜力的基础理论与方法技术的创新有待进一步突破。

一、从不同时空尺度研究土壤碳储量变化速率及其不确定性

建立不同时间尺度下土壤碳储量的变化特征,能够更加准确地预测局地土壤碳储量变化趋势。对于 10 年尺度的土壤碳储量变化可以通过比较不同期次土壤碳地球化学调

查成果,揭示土壤碳储量的变固存速率;对于1000年等长时间尺度的土壤碳储量变化,则可以通过空间转换时间的方法,建立土壤碳储量与土壤碳固存时间之间的函数关系,进而揭示相同人类活动影响下土壤的固碳速率,并从不同空间尺度(土种和土属)数字土壤图利用,土壤基础参数(有机碳含量和容重)及其空间插值方法比较和回归模型误差估计等3个方面定量估算不同时间尺度下土壤碳固存速率的不确定性。

二、加强局地尺度土壤固碳潜力评价方法研究

土壤固碳潜力评价涉及土壤碳现势储量及土壤碳饱和水平确定两方面基本问题。在土壤碳现势储量估算方法方面存在土壤类型法、模型模拟法、遥感估算法和相关关系法等多种方法,由于计算所需参数的差异,每种方法均具有其适用范围,因而目前尚无统一的储量计算方案。土壤碳饱和水平的确定包括长期定位实验结果外推法、历史观测数据比较法、土地利用方式对比法和SOC周转模型法等多种方法。对于农田土壤而言,因其受人类活动强度影响较大,土壤碳储量和饱和水平往往随土地管理措施而发生变化。因此,发展在当前人类管理措施影响下的农田土壤稳定状态为饱和水平的土壤固碳潜力评价方法更具可实现性。

三、系统研究土壤碳库变化影响因素及其作用机制

气候变化、土地利用变化、农业耕作水平和土壤侵蚀等因素均会影响土壤碳库的源汇转化。以往仅注重对土壤碳库水平本身变化及其空间分布的研究,缺乏对局地尺度土壤碳库变化及固碳潜力影响因素的系统综合分析。实际上,不同的空间尺度下,土壤碳库变化的主控因素也不尽相同。对于全球尺度,气候变化和土地利用变化是控制土壤碳库的主因;区域尺度下农田土壤的耕地水平对土壤碳库的影响更为重要;局地尺度和田块尺度的土壤碳库变化则更多受控于土壤本身理化性质与耕作方式。就浙江省域而言,20世纪80年代至2003年期间,浙江东北部杭嘉湖平原、宁绍平原和沿海地区土壤有机碳密度呈增加趋势,而钱塘江上游地区土壤有机碳密度明显降低。上述地区土壤碳密度变化的主控因素和作用机制尚不清楚,自然因素和人类活动对土壤碳库的正负效应与影响程度如何还不得而知。具体到本研究的工作区,农田土壤碳库变化的主导因素有哪些,均需要进行重点研究。

第二章 研究区概况

第一节 交通位置

研究区位于杭州湾南岸的慈溪市,东南与宁波市江北区和镇海区毗邻,西南与余姚市接壤,北与上海市隔海相望(图2-1)。地理坐标为东经121°02′—121°42′,北纬30°21′—30°24′。全区东西长约55km,南北最宽处约30km,海岸线长约84.1km。全区总面积1 717.6km²,陆域面积(十塘以内)1154km²。全市交通便捷,四横十纵骨干路网基本形成。329国道呈近东西向贯穿市境,与杭甬高速公路的连接线已经开通;海上交通可达上海、舟山等地。慈溪地方铁路至余姚与萧甬铁路相衔接;内河航道可与北仑港相通。正在建设中的杭州湾乍浦—慈溪大通道将使该市成为长江三角洲地区沪、杭、甬两小时交通区"金三角"的交汇中心,为慈溪在更大范围参与长三角地区的合作和发展提供了得天独厚的区位条件。

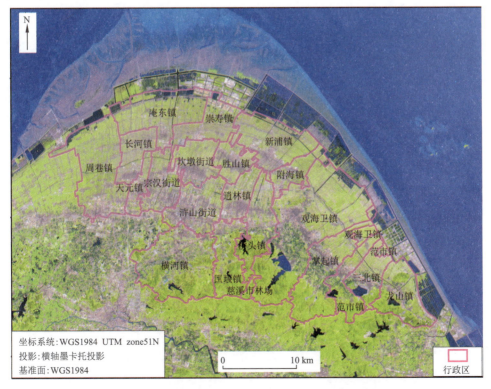

图2-1 慈溪市地理位置和行政区划遥感影像图

第二节 地形地貌

慈溪地势由南向北呈丘陵—平原—滩涂—海洋台阶式格局。北部有宽阔的三北滩涂,呈扇形向北凸出于杭州湾,滩涂面积达 366.7 km^2。南部为翠屏山丘陵区,属四明山近海之余脉,面积约 210 km^2,山脉整体呈近东西向展布,主要山峰有大蓬山、五磊山、大霖山、老鸦山、东栲栳山,最高峰老鸦山塌脑岗海拔 446m。其余为平原区,平原区地势平坦,平均海拔 5m 左右,系宁绍平原的组成部分,是全市的主要耕作区,面积约 712 km^2。

第三节 气候特征

慈溪地处北亚热带南缘,属季风型气候。四季分明,冬夏稍长,春秋略短。平均年日照时数 2038h,年日照百分率 47%。年平均气温 16.0℃;7 月最高,平均 28.2℃;1 月最低,平均 3.8℃。历史极端最高气温 38.5℃,最低 -9.3℃。雨量充足,年平均降水量 1 272.8mm,平均年径流总量 5.122 亿 m^3,降水高峰月为 9 月,平均占年降水量的 14%。冬季盛行西北至北风,夏季盛行东到东南风,全年以东风为主,年平均风速 3m/s,年平均大风日数 9.6d。夏秋间多热带风暴。研究区内灾害性气候以水、旱、风、潮为主,另有气温异常等。年降水和年均温的 Morlet 小波周期分析表明,慈溪地区温度在 20 世纪 80 年代末至 90 年代末存在 3~5a 的周期,且通过 95% 置信水平的检验,降水并无显著的周期性(图 2-2)。

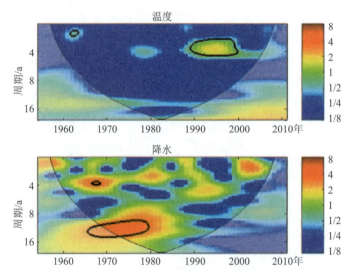

图 2-2 研究区 1954—2011 年期间气温和降水的小波周期分析

注:粗黑等值线包围的范围为通过 $\alpha=0.05$ 显著性水平下的红噪声谱检验;细黑线为影响锥线;颜色表示功率谱的强度。资料来源于气象科学数据网。

慈溪雨量充足，降水时空分布不均，地表水拦蓄能力弱，年人均水占有量仅 578m³，为浙江全省人均占有量的 24%，系严重缺水地区，水资源供需矛盾突出。慈溪内陆水域计 61.75km²，约占总面积的 1/10。有较长河道 73 条，长 770km，河床坡降平缓，平均水深 1.2~1.4m。南北向河道大都北流入海，主要有淞浦、古窑浦、淹浦、水云浦、四灶浦、三十弓江、周家路江等；东西向河道主要有快船江、公路横河、东横河、大古塘河、四塘河、六塘江、七塘江等。大小河渠总长 5400km，正常水位蓄水量 3776 万 m³。现有库容 100 万 m³ 以上的湖库 13 座，即凤浦湖、灵湖、窑湖、长溪水库、外杜湖、里杜湖、白洋湖、上林湖、梅湖、邵岙湖以及 3 座海涂水库，现有总库容 7653 万 m³。另有小型水库 5 座、山塘 154 处，合计库容 185.56 万 m³。地下水资源贫乏，可开采淡水资源仅 782 万 m³/a。

第四节　围垦历史

慈溪市位于杭州湾南岸，陆地以海积平原为主，地势平缓，高程与大潮高潮位相仿，沉积物以粉砂为主。杭州湾南岸淤涨速度以龙山—西三一线岸段最快，其他岸段淤涨相对缓慢，岸线逐渐形成了呈扇形向海凸出的形态。12 世纪时，南岸岸线已外推至沥海、庵东、观城卫一线。此后，南岸出现侵蚀，岸线后退，至 14 世纪，随着谢令塘（1047 年）和大沽塘（1341 年）的修筑，南岸岸线稳定在临山、周巷、龙山、蟹浦、镇海一线。此后，蟹浦—镇海段岸线相对稳定，围涂面积和岸线外推幅度较小。慈溪庵东浅滩恢复淤涨，至中华人民共和国成立初期共修筑了 8 道海塘，岸线外推至西三、庵东、蟹浦一线，海岸线累计外推幅度达 16km 左右，年均外推 27m（图 2-3）。

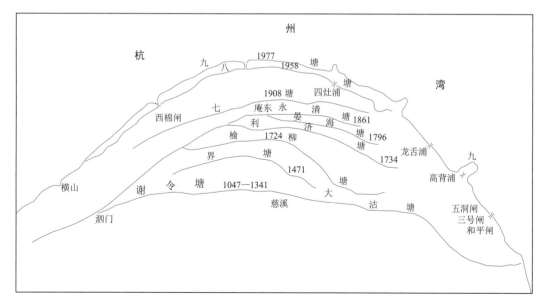

图 2-3　杭州湾南岸慈溪岸段历史岸线变迁图

慈溪北部地区，残留有人类早期围涂留下的海塘堤坝，呈线状分布。慈溪北部地区累计淤积则以龙山—慈溪—西山段较为迅速，其自宋庆历七年（1047年）开始修谢令塘（表2-1），相当于现杭甬省道位置，至元代（1341年）又修大沽塘，后随着岸滩外涨，又相继修建了9道海塘（图2-3），向海域推移了17.75km，反映了自14世纪以来各时期的岸线变化，近600a来海岸平均前进速度为25m/a。不过，最近30来年，由于海塘建设速度和规模进入一个新的高峰期，海岸推进速度明显加快，从九塘至十二塘，30a平均速度为170m/a。

表 2-1　慈溪海塘修造年代和海岸增长速度

塘名	修造年份	塘间距/m	海岸增长速度/(m·a^{-1})
谢令塘至大沽塘（后塘）	1047—1341	1700	4~12
二塘（界塘）	1471	4430	19
三塘（榆柳塘）	1724	700	70
四塘（利济塘）	1734	1000	16
五塘（晏海塘）	1796	2000	30
六塘（永清塘）	1861	1000	21
七塘	1908	3700	74
八塘	1958	1000	52
九塘	1977	1750	67
十塘	2001	1500	170
十一塘	/	1700	
十二塘	2008（部分合龙）	2500	

注：根据文献资料及908专项调查结果整理。

第五节　土壤类型及成土母质

慈溪市土壤类型主要为水稻土（淡涂泥田、青粉泥田、烂青紫泥田、黄斑田和黄泥田）、潮土（淡涂泥）、滨海盐土（咸砂土）、红壤（黄泥土）和粗骨土（石砂土）。在近年强度越来越大的人类围垦活动影响下，慈溪市的滨海盐土不断熟化，其土壤碳储量及固碳潜力也相应发生较大变化（图2-4）。

慈溪市内土壤的土壤母质主要有以下3种：
(1) 残坡积相堆积母质，分布在南部山区及零星低丘一带，以侏罗纪—白垩纪火山喷

图 2-4 慈溪市土壤类型图

出岩及少量砂岩类、流纹岩类及花岗岩为主。长期的强烈风化,使岩石中硅酸盐类矿物水解,硅和钙、镁、钾、钠等盐基成分遭到淋失,黏粒和次生矿物不断形成,铁、铝氧化物的含量相对增高。

(2)潟湖—湖沼相沉积母质,分布在329国道至南部丘陵区之间,基础是古老浅海沉积体,在横河一带上覆有湖沼相沉积体,匡堰—三北一带覆有潟湖相沉积体,潟湖相沉积体中常夹有灰黑色的腐泥层或泥炭层(是一种富含有机质的胶体沉积物),有的还分布有灰黄色或黄棕色的黄斑层。由于复杂的海陆变迁,该区土壤母质具异源性。

(3)滨海相沉积母质,位于广大滨海平原,土壤母质主要是长江、钱塘江输入大海的泥砂,在潮汐、风浪等海洋动力因素影响下逐步堆高形成的。其中周巷北农场—庵东一带为河口相粉砂-淤泥,由钱塘江水流挟带下来的泥砂,受到重力作用影响沉积下来。天元—坎墩—观海卫一带则为滨海相粉砂潮土,是由钱塘江和长江泥砂,在潮水作用下被移运到沿海,受江潮冲积、搬运、堆积的结果(图2-5)。

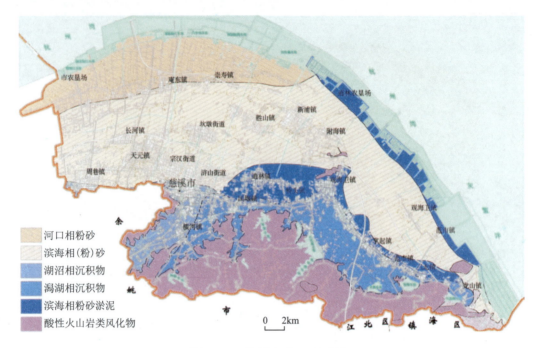

图 2-5 慈溪市成土母质图

第三章　研究内容与技术方法

第一节　研究内容与技术路线

一、研究内容

通过开展以下3个方面的研究内容,查明浙江省典型农田土壤碳库水平,提出适宜的土壤固碳潜力计量技术方法,为浙江省典型农田土壤二氧化碳增汇提供依据。

(1)典型农田土壤碳储量及其变化趋势研究。选择杭州湾南岸慈溪市为试点研究区,结合区域地质背景、土壤类型和成土母质,利用全国第二次土壤普查(20世纪七八十年代)、浙江省农业地质环境调查(2003)、浙江省基本农田质量调查试点(2007)和本项目调查数据资料,形成的4个不同时期的土壤有机碳含量数据集,评价研究区域近40年来的土壤有机碳储量及其变化趋势。

(2)典型农田土壤碳储量及其变化成因分析。在五大成土因素中,研究区具有相似的气候、成土母质和地形地貌。土壤理化性质(质地、pH值和容重)、土壤熟化程度(成土时间)和土地利用方式变化等是研究区土壤碳库储量变化的主要影响因素。通过空间转换时间的方法,研究工作区域1000a时间尺度下土壤碳含量与上述影响因素的函数关系,定量识别上述影响因素对土壤碳库储量变化的影响。

(3)典型农田土壤固碳潜力估计及不同估算方法适宜性对比分析。在文献调研的基础上,选择不同土壤碳饱和水平确定方法,通过与土壤碳储量现状比较,估算典型农田不同土壤类型的固碳潜力,并对比分析不同土壤碳饱和水平确定方法的适宜性。

二、技术路线

研究工作技术路线如图3-1所示。综合考虑土壤地质背景、土壤类型、成土母质和土地利用方式,选择杭州湾南岸慈溪市为试点研究区,利用近千年来滩涂围垦形成的1000a尺度土壤时间序列和近40年来(自20世纪80年代以来)实地多期次调查形成的10a尺度土壤时间序列,结合本次土壤碳地球化学调查,采用土壤类型法、成土母质法和高光谱技术估算方法对研究区土壤碳储量进行估算,采用最大值法、平衡法和地球化学背景法以确定研究区土壤固碳潜力。在明晰不同时期土壤碳储量水平的基础上,分别从土壤理化性质、土壤风化强度、围垦年限和土地利用/覆被变化识别土壤碳库变化的各控制因素的作用大小与作用机制。

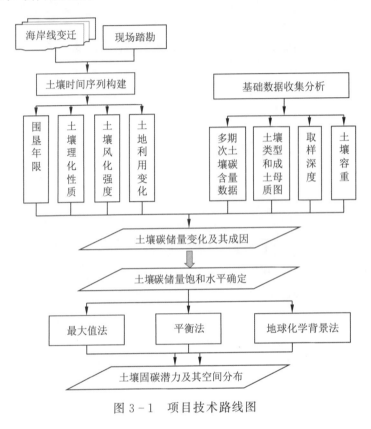

图3-1 项目技术路线图

第二节 技术方法与质量述评

一、土壤碳地球化学样品采集

(一)样品布设

在杭州湾南岸慈溪市由陆向海设置研究样地210km²,覆盖滨海盐土、潮土、水稻土和南部低丘的红壤。依据浙江省基本农田土地质量调查成果,慈溪地区滨海盐土和潮土土壤碳含量相对均匀,而水稻土和红壤的有机碳含量变异程度较大,变异系数达38%。根据土壤碳含量的变异程度,采用网格化布设调查样品采集点位,其中滨海盐土和潮土的采样控制密度为1件/km²,水稻土和红壤的采样控制密度设置为4件/km²(图3-2)。共计布设表层土壤样品328件,同时在每个土壤类型区布设土壤剖面2条,共布设土壤剖面8条,采集剖面土壤样品77件。

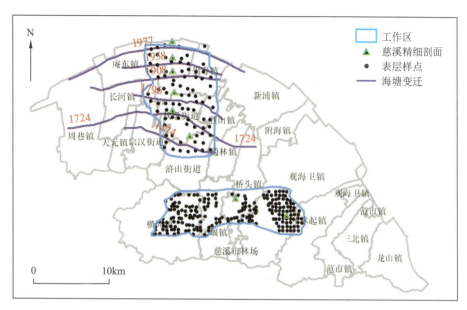

图 3-2 采样点位示意图

(二)样品采集

1. 表层土壤碳地球化学调查

参照国土资源部中国地质调查局《土地质量地球化学评估技术要求(试行)》(DD 2008-06)进行研究区表层土壤样品的采集。在北部的滨海盐土和潮土区按 1 件/4km² 的控制密度取样,在南部的水稻土和红壤区按 1 件/km² 的控制密度取样,取样深度为 0~20cm,采用 5 点采样等量混合,每件不少于 2kg,放置于布样袋,回驻地后阴干。

2. 土壤碳地球化学剖面测量

为了查明研究区深层(0~100cm)土壤碳储量,在地表植被覆盖相对较低的 12 月份进行土壤碳地球化学的剖面测制,人工开挖了 8 个剖面,按照 10cm 等间距采样,采集样品 77 件。在地块中挖取采样坑,使观察面向阳,用修土刀修平土壤剖面,并记录剖面的形态特征,将环刀刃口在各采样层中部垂直压入土壤,直至环刀筒中充满样品为止。取出已装土的环刀,削去环刀两端多余的土,并擦净环刀外面的土。把装有样品的环刀两端立即加盖,以免水分蒸发,随即称重(精确到 0.1g)并记录。用钢卷尺自上向下拉直固定在采样坑边,自下向上进行取样。每层样量不少于 2kg,放置于布样袋中。当场称量质量并记录。回到室内后,从环刀筒中取出样品,仔细去除环刀内土样的植物根系和石砾、粗砂,在 105℃烘干 24h 后,称量并计算土壤容重。

二、样品分析与质量评述

(一)样品分析测试

所采土样均经过标准的风干、去渣、研磨、过筛等处理,由浙江省地质矿产研究所参照《多目标区域地球化学调查规范(1∶250 000)》(DD 2005-01)和《生态地球化学评价样品分析技术要求(试行)》(DD 2005-03)规范完成土壤 pH 值、TC、SOC 等指标的分析测试。土壤光谱反射率由浙江大学农业遥感与信息技术应用研究所测试完成。

1. 土壤基本理化性质

pH 值和含盐量采用电位法(水土比为 2.5∶1);土壤 TC 和 SOC 采用红外碳硫仪测定;总氮含量采取凯氏蒸馏法;土壤容重采用环刀法测定;土壤易氧化碳:取过 100 目筛等重(0.2~0.5g)样品两份,分别置于 100mL 三角瓶中,其中一份加入 0.4mol/L 的($K_2Cr_2O_7$-1∶1 H_2SO_4)混合溶液 10mL,盖上小漏斗,在 170~180℃油浴中煮沸 5min,冷却 0.5h,以 0.2mol/L 的 $FeSO_4$ 溶液滴定,计算出每克土壤消耗 $K_2Cr_2O_7$ 量,即为土壤有机碳的总量(b)。另一份土壤样品加入 0.2mol/L 的($K_2Cr_2O_7$-1∶3H_2SO_4)混合液 10mL,盖上小漏斗,在 130~140℃油浴中煮沸 5min,冷却后以 $FeSO_4$ 液滴定,为易氧化有机质(a)含量,氧化稳定系数 $K_{os}=(b-a)/a$,其中($b-a$)为难氧化有机质(袁可能和张友金,1964)。

2. 土壤常量和微量元素含量

Ti 和 Zr 采用三酸($HF-HNO_3-HClO_4$)消化法制备待测液,采用电感耦合高频等离子体发射光谱法(即 ICP 法)测定,为保证分析质量,分析时用国家地球化学标准样进行质量控制。土壤可溶性铁(TFe)含量采用邻菲罗啉比色法测定;无定形氧化铁(Fe_2O_3)含量采用酸性草酸铵提取——邻菲罗啉比色法;无定形氧化铝(Al_2O_3)含量采用酸性草酸铵提取——铝试剂比色法;无定形氧化硅(SiO_2)含量采用酸性草酸铵提取——硅钼蓝比色法。

3. 土壤近地光谱反射率

采用美国 ASD 公司的 Field Spec Pro FR 型光谱仪进行测试,波长范围为 350~2500nm,采样间隔为 1.4nm(350~1000nm 区间)和 2nm(1000~2500nm 区间),重采样间隔为 1nm,输出波段数为 2150。光谱测量在一个能控制光照条件的暗室内进行,光源为卤素灯,距土壤样品表面 70cm,天顶角 30°(图 3-3)。土壤样本分别放置在直径 10cm、深 1.5cm 的盛样器皿内,土样表面刮平。采用 ASD 公司含内置光源的高强度接触式探头测量土壤光谱反射率。测试之前先进行白板校正。每个土样采集 10 条光谱曲线,算术平均后得到该土样的实际反射光谱数据。

图3-3 光谱仪设置图

4. 土壤质地

采用英国马尔文仪器有限公司生产的Malvem2000激光粒度分析仪进行分析,测试量程为0.02~2000μm,样品重复测试误差小于3%。称取自然风干原样(0.175±0.003 9g)放入100mL烧杯中,加入10mL的H_2O_2(30%)去除有机质,静置24h后,加1:3的HCl 10mL,静置24h,以去除残余钙质,消除游离氧化物的胶结作用。待反应完全后,用虹吸管抽去悬浮液。加入0.01mol/L的分散剂六偏磷酸钠10mL,之后加去离子水至200mL,静置24h后上机测试。各样品的粒度统计参数采用GRADISTAT4.0软件计算获得,采用Folk-Ward矩阵法,参数计算公式如下:

$$M_z = \frac{\phi_{16} + \phi_{50} + \phi_{84}}{3} \tag{3-1}$$

$$\sigma = \frac{\phi_{84} - \phi_{16}}{4} + \frac{\phi_{95} - \phi_5}{6.6} \tag{3-2}$$

$$Sk = \frac{\phi_{16} + \phi_{84} - 2\phi_{50}}{2(\phi_{84} - \phi_{16})} + \frac{\phi_{95} + \phi_5 - 2\phi_{50}}{2(\phi_{95} - \phi_5)} \tag{3-3}$$

$$K = \frac{\phi_{95} - \phi_5}{2.44(\phi_{75} - \phi_{25})} \tag{3-4}$$

式中:M_z为平均粒径(μm);σ为分选系数/标准偏差;Sk为偏态/偏度;K为峰态/尖度;ϕ为尤登-温德华氏等比例粒级。

按照国际制土壤质量分级标准,粒径介于2000~20μm之间的为砂粒,20~2μm的为粉粒,小于2μm的颗粒被划分为黏粒组分。土壤粒度组成的分选性、偏度和峰态的划分如表3-1所示。

表 3-1 矩值法粒度参数的分级

分选性(σ)		偏度(Sk)		峰度(K)	
分选极好	<0.35	极负偏	+0.3～+1.0	非常窄	<0.67
分选好	0.35～0.50	负偏	+0.1～+0.3	窄	0.67～0.90
分选较好	0.50～0.70	近对称	+0.1～−0.1	中等	0.90～1.11
中等分选	0.70～1.00	正偏	−0.1～−0.3	宽	1.11～1.50
分选较差	1.00～2.00	极正偏	−0.3～−1.0	非常宽	1.50～3.00
分选很差	2.00～4.00			极宽	>3.00
分选极差	>4.00				

根据样品中大部分元素的含量情况选用国家一级标准物质(GSS-17、GSS-25、GSS-26、GSS-27、GSB-5、GSB-6、GSB-7)，每50件分析样品为一组，以密码的形式随机将国家一级标准物质插入未知样品中一同分析，并分别计算监控样测定值与标准值之间的单个对数差(ΔlgC)和平均对数偏差值 $\overline{\Delta\lg C}$(GBW)，用以衡量批与批间的分析偏倚，同时计算监控样对数偏差的标准偏差λ(GBW)，以衡量本批次样品分析的精密度。每批约50件样品中以密码方式随机插入2个国家一级标准物质(ASA-2a、ASA-5a或ASA-5)作为pH分析监控样。计算单次标准物质测定值与标准物质的绝对误差，其控制限按总体设计的要求，以ΔpH≤0.1统计合格率。监控结果显示：各元素(或项目)合格率和总体合格率均为100%。符合《生态地球化学评价样品分析技术要求(试行)》(DD 2005-03)中的相关规定。

(二)测试质量分析

1. 准确度

按所送试样总数的3%设计重复样，分析测试时编制成密码，随机插入所有样品中，进行重复分析，并计算原始分析数据(A_1)与重复性检验数据(A_2)之间的相对双差：

$$RD = \frac{|A_1 - A_2|}{A_1 + A_2} \times 2 \times 100 \qquad (3-5)$$

相对双差允许限 RD≤40%为合格。合格率要求达到90%。由表3-2可以看出，所有重复检验都说明分析质量达到要求。

表 3-2 土壤样品元素全量分析重复性检验

分析项	复检数	合格数	合格率/%
Corg	8	7	87.5
pH	8	7	87.5

2. 报出率

所有样品的各项分析指标均有报出,数据报出率 $P=100\%$。

第三节 数据来源与分析处理

一、数据来源

除了本项目实施期间采集的土壤碳数据外,本研究使用到其他土壤碳地球化学数据包括 1979—1985 年的全国第二次土壤普查、2002—2005 年的浙江省农业地质环境调查和 2007—2010 年完成的浙江省基本农田质量调查试点项目的土壤有机质或实测有机碳数据。此外,土地利用类型变化的碳源汇效应研究还需利用遥感卫星数据。

(一)土壤碳地球化学调查数据

1. 全国第二次土壤普查

全国第二次土壤普查完成于 20 世纪 80 年代(1979—1985 年),该项目的土壤有机质及理化性状参数主要分布在世界土壤数据库、各省市土壤志中。其中世界土壤数据库(HWSD v1.1,1km 栅格网,2009 年)由联合国粮农组织(FAO)、国际应用系统分析研究所(IIASA)、荷兰 ISRIC-World Soil Information、中国科学院南京土壤研究所(ISSCAS)、欧洲委员会联合研究中心(JRC)于 2009 年 3 月共同发布。数据库提供了各个格网点的土壤类型(FAO-74、FAO-85、FAO-90)、土壤相位、土壤(0～100cm)理化性状等 16 个指标信息。中国境内数据源为中国科学院南京土壤研究所提供的 1:100 万土壤数据,其数据主要汇编自 20 世纪七八十年代开展的 SNSS 成果。

2. 浙江省农业地质环境调查

1999 年以来,中国地质调查局在全国范围内组织实施了多目标区域地球化学调查,采用平均 1 个点/km² 和 1 个点/4km² 的采样密度分别采集了表层土壤(0～20cm)和深层土壤样品(150～180cm),并对 4km² 范围的表层样品和 16km² 内的深层样品进行组合,每个组合样品分析土壤 TC、SOC、pH 值及 54 个元素和指标。浙江省多目标区域地球化学调查即浙江省农业地质环境调查项目,构成了本项研究的数据基础。

3. 浙江省基本农田质量调查试点项目

2007—2010 年期间,浙江省开展了基本农田质量调查试点项目,其中慈溪市作为试点区域之一,采用网格化的单元进行调查取样,按照 4 件/km² 的控制精度进行了样品采集。每个土壤样品均分析了土壤有机碳含量。浙江省基本农田质量调查试点项目,成为本项研究的另一类数据基础。

(二) 土地利用类型遥感数据

慈溪市土地利用类型变化主要通过从中国科学院计算机网络信息中心国际科学数据镜像网站(http://www.gscloud.cn)获取了美国Landsat卫星的MSS(Multi-Spectral Sensor)和ETM$^+$数据进行解译获得。遥感影像包括慈溪市20世纪七八十年代、2002年和2008年3个时段共6景遥感影像,获取时间集中于每年的7—8月,云覆盖率为零(表3-3)。

表3-3 Landsat ETM$^+$卫星各波段特征

Landsats4-5	波段	波长/μm	分辨率/m	主要作用
Band 1	蓝绿波段	0.45~0.52	30	用于水体穿透,分辨土壤植被
Band 2	绿色波段	0.52~0.60	30	用于分辨植被
Band 3	红色波段	0.63~0.69	30	处于叶绿素吸收区域,用于观测道路/裸露土壤/植被种类效果很好
Band 4	近红外	0.76~0.90	30	用于估算生物数量,尽管这个波段可以从植被中区分出水体、分辨潮湿土壤,但是对于道路辨认效果不如TM3
Band 5	中红外	1.55~1.75	30	用于分辨道路/裸露土壤/水,它还能在不同植被之间有好的对比度,并且有较好的穿透大气、云雾的能力
Band 6	热红外	10.40~12.50	60	感应发出热辐射的目标
Band 7	中红外	2.09~2.35	30	对于岩石/矿物的分辨很有用,也可用于辨识植被覆盖和湿润土壤
Band 8	微米全色	0.52~0.90	15	得到的是黑白图像,分辨率为15m,用于增强分辨率,提供分辨能力

二、数据分析处理

(一) 土壤碳储量计算

研究区表层土壤(0~20cm)的有机碳储量计算公式如下:

$$SOCD = SOC \times \rho \times H \times (1 - R/100)/10 \quad (3-6)$$

$$SOCR = SOCD \times S \quad (3-7)$$

式中:SOCR为表层土壤有机碳储量(kg);SOCD为土壤碳密度(kg/m^2);SOC为表层土

壤有机碳含量(%);ρ 为土壤容重值(g/cm³);H 为土壤采样深度(取表层 20cm);R 为砾石含量(%);10 为换算系数值;S 为对应面积(m²)。

(二)土壤碳储量空间分布

基于 ArcGIS 平台,采用空间插值方法研究土壤碳储量的空间分布。空间插值常用于将离散点的测量数据转换为连续的数据曲面,以便与其他空间现象的分布模式进行比较,它包括了空间内插和外推两种算法。空间插值方法分为两类:一类是确定性方法;另一类是地质统计学方法。确定性插值方法是基于信息点之间的相似程度或者整个曲面的光滑性来创建一个拟合曲面,比如反距离加权平均插值法(Inverse Distance Weighted,IDW)、趋势面法、样条函数法等。地统计学插值方法是利用样本点的统计规律,使样本点之间的空间自相关性定量化,从而在待预测点周围构建样本点的空间结构模型,比如克立格(Kriging)插值法。

1. 反距离加权平均法(IDW)

该方法又称为距离反比加权法,是一种加权移动平均方法,以内插点与样本点之间的距离为权重,属于确定性内插方法。其通用公式为(牟乃夏等,2012):

$$V_0 = \frac{\sum_{i=1}^{n} V_i \frac{1}{d_i^k}}{\sum_{i=1}^{n} \frac{1}{d_i^k}} \quad (i = 1, 2, \cdots, n) \tag{3-8}$$

式中:V_0 为未知点的估计值;V_i 为第 i 个样本点的值;d_i 为采样点与未知点之间的距离;k 为距离的幂,它显著影响内插的结果。

2. 普通克里格法(Ordinary Kriging,OK)和简单克里格法(Simple Kriging,SK)

克里格插值是在二阶平稳假设和内蕴假设的基础上,应用变异函数(或协方差)研究空间上随机且相关的变量分布的方法。它的公式为(牟乃夏等,2012):

$$Z(x_0) = \sum_{i=1}^{N} \lambda_i Z(x_i) \tag{3-9}$$

式中:$Z(x_0)$ 为未知样点的值;$Z(x_i)$ 为未知样点周围已知样本点的值;N 为已知样本点的个数;λ_i 为第 i 个样本点的权重。

普通克立格法是应用非常广泛的、最基本且很重要的一种插值方法。它在插值时既考虑到了采样点的空间相关性,并且在估计未知点的预测值时,同时会给出该估计精确度的方差值。而简单克里格法则是将区域化变量的最佳估计方法由一个属性增加到两个或两个以上的协同区域化属性。

按照 70% 和 30% 的比例将全部点位数据分为插值点位和检验点位。采用平均误差和均方根误差来评价不同差异方法的精确度,其计算公式如下:

$$\text{ME} = \frac{1}{n} \sum_{i=1}^{n} [z(x_i, y_i) - z \times (x_i, y_i)] \tag{3-10}$$

$$\text{RMSE} = \sqrt{\frac{1}{n}\sum_{i=1}^{n}[z(x_i, y_i) - z \times (x_i, y_i)]^2} \quad (3-11)$$

式中：n 为点位数量；$z(x_i, y_i)$ 和 $z \times (x_i, y_i)$ 分别为插值数据和实测数据。

(三) 土壤有机碳储量变化

采用两配对样本的 t 检验对不同时期土壤有机碳储量的差异显著性进行检验。两配对样本的 t 检验多适用于当样本中存在自然配对的观察值的时候。此分析可以确定取自处理前后的观察值是否从具有相同总体平均值的分布而来，进而推断两个总体的均值之间是否有显著的差异。本书中使用 IBM SPSS Statistics 22.0 软件中配对样本的 t 检验来进行此分析。

(四) 土壤碳储量高光谱反演

1. 光谱数据预处理

为了消除光谱仪操作、实验条件、粒度变化和表面粗糙度(Li et al., 2015)导致的每条光谱两端的低信噪比(SNR)，将原始光谱(REF)数据压缩至 400~2400nm 的范围，并以 5nm 的间隔重新采样，以避免严重的光谱共线性影响。由此产生了 411 个波段，用于进一步的校准建模。测量的漫反射光谱通常转化为吸收光谱(光谱反射率倒数的对数，$\lg R^{-1}$)，以研究光谱和 SOC 含量之间的线性问题(Stenberg et al., 2010)。采用导数变换将样品研磨和仪器光学设置差异引起的原始土壤光谱变化降至最低。在建立校准模型之前，采用了被广泛用于植被和土壤研究的 Savitzky-Golay 平滑和一阶微分(FDR)或 $\lg R^{-1}$ 的光谱预处理算法，以增强光谱信息的信噪比。利用偏最小二乘(PLSR)得到的潜变量(LVs)对定标建模结果进行了分析。其中，光谱的一阶微分处理公式如下：

$$\text{FDR}_{(\lambda)} = [R_{(\lambda_{i+1})} - R_{(\lambda_i)}]/(\lambda_{i+1} - \lambda_i) \quad (3-12)$$

2. 校准和验证子集

为了有效提高校准模型的精度，将位于 95% 置信区间(Hotelling T^2)之外的样本识别为异常值，并从数据集中移除(Xu et al., 2018)。如前两个分量的得分图(图 3-4)(分别代表总方差的 97.00% 和 2.00%)所示，与大多数样品相比，根据相应光谱中的较大偏差，确定并消除了 5 个样品(圆形)，剩下的 2/3 光谱数据集被划分为一个校准子集，剩下的 1/3 样品被分配到一个独立的验证子集，以评估模型性能。

3. 建模方法介绍

1) 数据集的划分

对采集的土壤样品，采用 K-S 法(Kennard and Stone, 1969)进行土壤有机碳含量高光谱建模反演数据集的划分。K-S 法是根据样本之间的光谱距离选择在光谱空间具有代表性的样本组成校正集，视土壤样品的近地光谱反射率为矩阵，行为样本列为样本的参

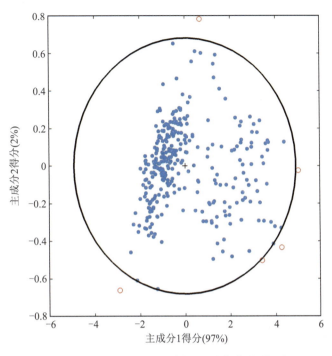

图 3-4 样本主成分分析后异常值的检测

数(此处反射率),操作步骤如下:①首先计算两两样本之间距离,选择距离最大的两个样品;②然后分别计算剩余的样本与已选择的两个样本之间的距离;③对于每个剩余样本而言,其与已选样品之间的最短距离被选择,然后选择这些最短距离中相对最长的距离所对应的样本,作为第 3 个样品;④重复步骤③,直至所选的样品的个数等于事先确定的数目为止。本研究将采集于不同成陆时间的土壤样品按照 2∶1 的比例划分为建模集和预测集。

2) 预测模型的确定

利用 PLSR、WNN 和 SVM 回归(SVMR)多元技术建立了光谱数据与实验室测定 SOC 水平之间关系的预测模型。PLSR 是一种线性多元方法,可用于分析不同应用的光谱数据。通过数据降维、信息合成和筛选,PLSR 方法包含了主成分分析、典型相关分析和多元线性回归的优点,从而大大提高了系统在建模过程中提取综合成分的能力。PLSR 越来越多地用于多元分析和土壤性质反演的高光谱校准模型的建立(Clairotte et al.,2016)。PLSR 模型验证程序中采用了遗漏交叉验证方法,模型中 LV 的数量从校准模型构建过程中获得(Hazama and Kano,2015)。

支持向量机模型基于核统计学习理论。为了找到满足相关分类要求的超平面,并使训练集中的点尽可能远离分类曲面,在基于核的研究中提出了一种将输入数据转移到高维特征空间的隐式映射机制。先前的研究(Cisty et al.,2011;Shi et al.,2013)提出,径向基函数(RBF)可以有效提高支持向量机模型的模拟精度。因此,本研究将基于 RBF 核的支持向量机应用于 SOC 建模。在建模的实现过程中,对核参数(σ)、容量参数(C)和不敏感损失函数(ε)3个参数进行了训练,并基于系统网格搜索方法和交叉验证 RMSE 评估了这 3 个参数的最佳组合。

ANN 模型是解决非线性系统预测问题的有效研究工具,因为它可以自动分析多源输入和输出之间的非线性映射关系(Erzin et al.,2008;Zou et al.,2010)。小波神经网络是一种结合了神经网络和离散小波变换(DWT)方法的新型混合模型;它能有效地提取局部信号信息,具有学习能力强、精度高、收敛速度快等优点。分解原始时间序列并构建 ANN 模型是 WNN 建模的基本步骤(Wang and Ding,2003)。鉴于上述优点,小波神经网络算法在土壤计量学中的应用已有十多年的历史。Viscarra Rossel 和 Lark(2009)在比较不同的数据挖掘算法(包括 ANN)对土壤可见-近红外反射光谱建模之前,使用 DWT 将大型光谱数据集简化为稀疏表示。Samadianfard 等(2018)的研究结果证实,在预测不同深度的短期土壤温度方面,WNNs 比其他模型更有效。

为避免在非线性建模过程中使用原始光谱数据作为输入时出现极长的训练时间和过度拟合,并提高非线性模型的鲁棒性,可根据最小剩余方差确定最佳 LV 数,采用 PLSR 分析获得的数据作为 SVM 和 WNN 模型的输入。

3)模型的优劣判定

模型的稳定性和反演能力是模型优劣的主要表征,其中模型稳定性的判定依赖于决定系数(R^2),反演能力依赖于均方根误差(RMSE),检验精度用土壤属性的预测值和实测值之间的相关系数 r 表示。较高的检验精度和较小的 RMSE 表明该模型更加稳定和更具有预测性。R^2 和 RMSE 的计算式如下:

$$R^2 = \frac{\left[\sum_{i=1}^{n}(u_i - \overline{u_i})(u'_i - \overline{u'_i})\right]^2}{\sum_{i=1}^{n}(u_i - \overline{u_i})^2 (u'_i - \overline{u'_i})^2} \quad (3-13)$$

$$\text{RMSE} = \sqrt{\frac{1}{n}\sum_{i=1}^{n}(u_i - u'_i)^2} \quad (3-14)$$

式中:u_i 为土壤属性之实测值;u'_i 为预测值;n 为土壤样本数。土壤属性参数的反射高光谱反演采用 Uscramble9.7 软件完成。

(五)土地利用类型变化的碳源汇效应

1. 影像预处理

1)影像条带修复

2003 年 5 月 31 日,Landsat-7 的 ETM$^+$ 的 SLC 突然发生故障,致使获取的图像出现数据重叠和大约 25% 的数据丢失。本研究所涉及区域该时间点之后的 ETM$^+$ 影像主要出现了条带状的数据丢失,故在分析以前选择与影像时间接近,且云覆盖率为零的影像对其数据进行补充。

2) 遥感信息的增强

由于遥感影像中含有一些对于解译土地利用无作用，甚至有干扰作用的冗余信息，故本研究在非监督分类之前，对各景影像进行去云处理，以增强遥感信息。其基本过程如下：对同一幅 MSS 和 ETM$^+$ 影像所含的 4 个和 7 个波段中各像元的灰度值，进行主成分变换后，去除冗余干扰信息，根据特征根值，保留 2～3 个主成分，然后进行主成分逆变换，最终将其转回为 4 个和 7 个波段，实现了加强目标遥感信息的目的。

2. 监督分类

人工目视判读解译监督分类可以充分发挥解译人员的主观判断力，从不同地物的影像特征出发，结合解译人员的经验，同时参考其他相关资料进行综合分析判断。采用这种方法进行解译可以充分提高地物信息分类的精度，而不足之处在于较为耗费人工与时间。监督分类的流程如图 3-5 所示。在样本选择过程中，利用不同的人选择样本，以便后期的图像分类精度验证。选择最大似然法（Maximum Likehood）作为分类器，利用多数分析（Majority Analysis）进行后期处理。

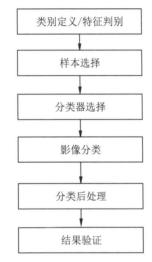

图 3-5 分类监督流程示意图

3. 精度验证

本书对解译后结果进行位置精度的评价，采用混淆矩阵法（Confusion Matrix），以 Kappa 系数评价解译结果精度。计算公式为：

$$K_{hat} = \frac{N\sum_{i=1}^{r} x_{ii} - \sum_{i=1}^{r}(x_{i+} x_{+i})}{N^2 - \sum_{i=1}^{r}(x_{i+} x_{+i})} \quad (3-15)$$

式中：r 为总的类别数；x_{ii} 为正确分类的数目；x_{i+} 为第 i 行像元数；x_{+i} 为第 i 列的像元数；N 为参与评估的像元总数。

在进行分类精度评价时，本研究使用目视判读的方法进行。具体的步骤如下：选用分层随机抽样方法抽取验证样本，以相同的数据源和相同的解译方式再次进行目视解译。

4. 土地利用分类系统的建立

本研究参照刘纪远等（2009）所建立的土地利用分类体系，并结合研究区的实际情况制定。研究区最终的土地利用类型包括耕地、林地、水体、居工地和滩涂。

5. 数据提取方法

1）面积变化

以 ArcGIS 的统计功能分析各地类的面积变化。基于 ArcGIS 平台,打开土地利用矢量图件的属性表,新建 New_area 属性,代表各斑块面积,执行 Calculate Geometry 命令,计算各斑块的面积。然后根据土地利用属性 GRID_CODE 进行斑块选择"select by attribute",选定某土地利用类型的代码后,执行 Statistics 命令,在目标属性中选取 Area 属性,即可汇总出该地类面积。

2）空间分布

基于 ArcGIS 平台,加载某年份土地利用矢量图层,执行根据属性标记的命令,按照不同的土地利用属性值赋予不同的标记,如颜色与图案等,将结果输出,即为土地利用的空间分布情况的可视化结果。

3）空间转化分析

采用 ArcGIS 的空间分析功能,将两个不同时段的土地利用矢量图件进行叠加,统计这个时段起始和结束时刻不同土地利用类型的面积变化情况。本研究采用转移矩阵来表述研究区不同土地利用之间的空间转化情况。

根据需要,对研究区不同时期间的土地利用转移状况进行分析。使用 ArcGIS 软件的空间分析功能制作转移矩阵。首先对各期分类结果进行融合(执行 ArcToolbox 下 Data management tools 的 Dissolve),然后对各期融合后的土地利用分类结果矢量图进行叠加分析(执行 ArcToolbox 下 Analysis tools 的 Intersect),即可获得转移矩阵表。

第四章　土壤碳库储量及其空间分布

第一节　土壤碳密度及其空间分布

一、表层土壤有机碳含量

经异常样本剔除后的土壤有机碳含量的描述性统计特征(表4-1)可见,研究区土壤有机碳含量为水稻土＞红壤＞潮土＞滨海盐土,对应的有机碳含量均值分别为2.11%、0.95%、0.88%和0.65%。表层土壤有机碳含量变异程度则表现为潮土＞水稻土＞红壤＞滨海盐土,变异系数分别为0.59、0.51、0.40和0.30。

表4-1　土壤有机碳描述性统计特征

土壤类型	最小值(Min)/%	最大值(Max)/%	平均值±标准差(Mean±SD)/%	变异系数(CV)
滨海盐土	0.44	1.33	0.65±0.19	0.30
潮土	0.42	4.34	0.88±0.52	0.59
水稻土	0.45	9.01	2.11±1.070	0.51
红壤	0.46	2.04	0.95±0.38	0.40

二、表层土壤碳密度

计算结果表明,研究区表层土壤(0～20cm)有机碳密度介于0.95～11.75kg/m²之间,平均值为3.70kg/m²。不同类型土壤有机碳平均值变化范围为1.65～5.06kg/m²(表4-2),其中滨海盐土有机碳密度显著较低,而水稻土则显著较高。从变异系数来看,滨海盐土和红壤的变异系数较小,分别为0.31和0.38,而水稻土及潮土有机碳密度变异系数较大,分别为0.42和0.64,这与该两类土壤具有更强烈的人类活动影响有关。

比较了反距离加权平均法、普通克里格法和简单克里格法对工作区表层土壤有机碳密度的空间插值结果,并选取精确度最高的方法来分析土壤有机碳的空间分布。综合对比各插值方法对不同时期土壤有机碳密度插值的精确度发现(表4-3),普通克里格插值法对土壤有机碳密度的插值精度最高,故选择该插值方法为工作区土壤有机碳空间分布的插值方法。比较不同半变异函数模型交叉检验结果(表4-4),最终选取了模拟效果较好的 Rational Quadratic 模型对表层土壤有机碳密度进行插值,归因于该模型具有最小的均方根误差、较小的标准均方根、接近0的标准平均值以及接近均方根的平均标准误差。

表4-2 表层土壤有机碳密度统计特征

土壤类型	平均值/ (kg·m^{-2})	最大值/ (kg·m^{-2})	最小值/ (kg·m^{-2})	标准差/ (kg·m^{-2})	变异系数
滨海盐土	1.65	3.53	1.00	0.51	0.31
潮土	2.24	11.75	1.02	1.44	0.64
粗骨土	2.88	6.16	0.95	1.51	0.52
红壤	2.32	5.17	1.11	0.88	0.38
水稻土	5.06	11.32	1.04	2.13	0.42
总体	3.70	11.75	0.95	2.24	0.61

表4-3 各时期数据不同插值方法精确度比较表

数据时期	插值方法	平均误差(ME)	均方根误差(RMSE)
二普时期	IDW	-0.212	2.161
	OK	-0.176	1.965
	SK	-0.254	2.125
2002年	IDW	-0.070	0.799
	OK	-0.086	0.860
	SK	-0.131	0.862
2008年	IDW	-0.017	0.875
	OK	-0.001	0.847
	SK	-0.145	0.875
2014年	IDW	-0.003	2.575
	OK	-0.124	2.374
	SK	-0.115	2.438

工作区表层土壤有机碳密度总体呈现南高北低的分布特征,同时南部中心区域土壤有机碳密度低于周边地区(图4-1)。工作区表层土壤有机碳密度的分布格局受控于气候、地貌、土壤、植被等诸多因素。慈溪地区地势南高北低,呈丘陵、平原、滩涂三级台阶状朝杭州湾展开,研究区北部以滨海盐土为主,土壤贫瘠,植被覆盖相对较稀疏,土壤中有机

质输入量较小;研究区南部降雨量较大,植被相对茂盛,土壤中有机碳的输入量大。而南部、中部地区为山地丘陵地区,土壤类型为红壤,土壤松散,保水保肥力差,养分含量较低。

表 4-4 不同半变异函数模型交叉检验结果

交叉验证	平均值/(mg·kg^{-1})	均方根	标准平均值/(mg·kg^{-1})	标准均方根	平均标准误差/(mg·kg^{-1})
Stable	0.078 1	1.630 7	−0.008 1	1.089 9	1.644 1
Circular	0.007 0	1.629 6	−0.003 3	1.092 3	1.678 9
Spherical	0.006 3	1.628 9	−0.004 3	1.091 1	1.670 1
Tetraspherical	0.007 3	1.628 5	−0.003 3	1.085 7	1.677 5
Pentaspherical	0.008 1	1.628 3	−0.002 4	1.081 3	1.685 5
Expenential	0.007 1	1.630 9	−0.008 8	1.092 9	1.638 8
Gaussian	0.005 8	1.641 9	−0.003 0	1.093 4	1.723 4
Rational quadratic	0.007 4	1.626 9	−0.002 3	1.087 3	1.672 5
Hole effect	0.018 0	1.672 1	0.005 2	0.993 2	2.013 7
K-bessel	0.007 9	1.629 4	−0.006 6	1.087 3	1.650 7
J-bessel	0.005 5	1.643 7	−0.003 8	1.097 6	1.723 1

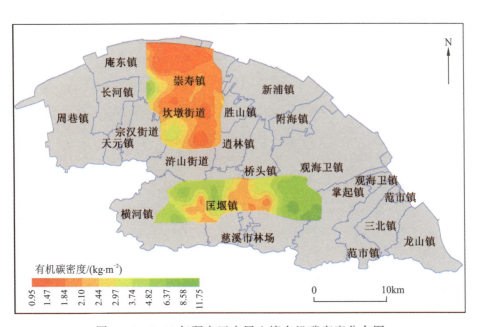

图 4-1 2014 年研究区表层土壤有机碳密度分布图

对表层土壤有机碳密度的普通克里格插值结果的块金值与基台值进行比较,得出表层土壤有机碳插值的块金值/基台值为37.27%,在25%~75%之间,属于中等空间相关性(张慧智等,2008),说明表层土壤碳密度同时受到土壤内在因子与外在因子的影响,即自然因素和人为因素影响控制着研究区土壤有机碳的分布。

三、土壤碳密度垂向变化

各类土壤垂直剖面中SOC和SOCD含量的分布模式显示,无论是耕作水平相对较低的滨海盐土,还是耕作水平相对较高的水稻土SOC的含量水平与剖面深度之间均服从指数分布形式(图4-2),即不同类型的土壤SOC含量和SOCD均以一定的指数函数形式由地表向深部逐步减少。具体而言,土壤深度为0~10cm时,土壤有机碳含量最高;在土壤深度20~30cm时,盐土、潮土和红壤的有机碳含量急剧下降,分别下降了41.9%、40.7%和46.3%。水稻土的有机碳含量在土壤深度为30~40cm时大幅度下降,下降幅度达80.4%。可见,盐土、潮土和红壤的土壤有机碳主要固存在0~20cm的表土层,而水稻土的有机碳主要固存在0~30cm的土层中;水稻土固碳潜力明显高于其他类型土壤,可能是水稻土受人为因素影响较深的原因。

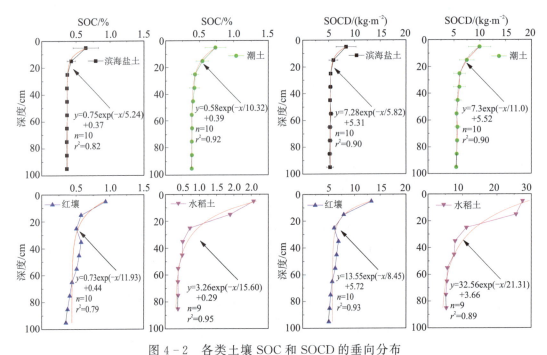

图4-2 各类土壤SOC和SOCD的垂向分布

第二节 土壤碳储量估算

土壤碳储量研究一般按土壤类型、模型法、GIS估算、相关关系统计方法来统计,不同研究者所用的各种统计方法无本质差别,但是所用的资料来源不一,加上土壤分布的空间变异性和各区域相关因素的差异性,使得各方法在研究中受到不同的限制,统计数据在一定程度上也具有一定的不确定性。

一、按土壤类型统计

土壤类型法实际上是土壤分类学方法,它是通过土壤剖面数据计算分类单元的土壤碳含量,根据各种分类层次聚合土壤剖面数据,再按照区域或国家尺度土壤图上的面积得到土壤碳蓄积总量。同时,在土壤图上将土壤单元与土壤碳密度匹配以表现土壤碳蓄积量的空间分布特征。同类土壤往往会具有相似的影响土壤碳蓄积的调控因素,因此,此方法能提供更多碳蓄积与土壤发生学相关的认识,有利于分析碳蓄积量估计中不确定性的原因,容易识别土壤碳的空间格局。土壤类型法也可以利用世界土壤图和全球土壤分类系统形成统一的估算体系用来估算全球土壤碳蓄积量(潘根兴,1999)。

统计研究区不同土壤类型单元面积后,根据每个土壤类型单元中土壤有机碳密度平均值计算研究区表层土壤有机碳储量,计算结果表明,研究区表层土壤有机碳总储量约为 0.495Tg。其中,水稻土面积为 52.59km^2,表层土壤有机碳储量高达 0.253Tg,位居五类土壤类型之首,占总储量的 55.21%,分别为滨海盐土、潮土、粗骨土和红壤中储量的 5.84 倍、2.49 倍、14.07 倍和 5.99 倍;潮土虽面积高达 81.86km^2,但其土壤有机碳总储量仅为 0.102Tg,远小于水稻土储量,仅为有机碳储量的 22.20%;同时,粗骨土不仅所占面积最低,其储量也最低,仅为 0.18Tg,约占总储量的 3.92%(图 4-3)。

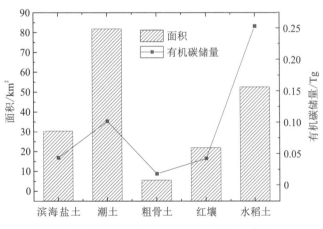

图 4-3 不同土壤类型面积及其有机碳储量

二、按采样单元统计

本研究工作区北部滨海盐土和潮土区按 1 样/km^2 网格化采样,南部水稻土和红壤区以 4 样/1km^2 网格化采样。故北部研究区每个样点可以代表 1km^2 范围的土壤有机碳密度;而在研究区南部,每个样点可以代表 0.25km^2 范围的土壤有机碳密度。以此为基础,根据采样单元面积以及每个单元内样点的土壤有机碳密度来计算研究区土壤有机碳储量。经过统计,研究区北部表层土壤有机碳密度在1.00~11.75kg/m²之间,平均值为2.22kg/m²,有机碳储量约0.237Tg。南部地区表层土壤有机碳密度在1.00~11.75kg/m²之间,平均值为3.96kg/m²,有机碳储量约0.398Tg。总体上,研究区表层土壤有机碳密度平均值为3.61kg/m²,总储量约为0.634Tg。

三、按成土母质类型统计

根据研究区不同成土母质面积及其平均土壤有机碳密度计算得到研究区土壤有机碳总储量约为0.599Tg。由研究区不同成土母质类型面积及其保有的土壤有机碳储量可见(图4-4),潟湖相沉积物成土母质类分布面积为50.02km²,土壤有机碳储量最高,为0.277Tg,占据土壤有机碳总储量的46.28%;滨海相(粉)砂类虽然面积最大有74.46km²,但其中土壤有机碳储量仅0.130Tg,为总储量的21.65%;而研究区内湖沼相沉积物类型所占面积很小,所以储量也最低,为0.66×10^4Tg,仅占总储量的1.11%。

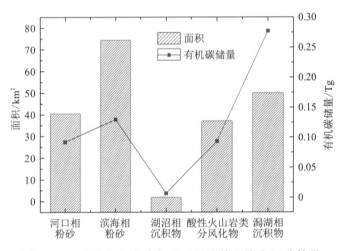

图4-4 不同成土母质类型面积及其土壤有机碳储量

第三节 基于高光谱技术的土壤有机碳含量反演

鉴于全球土壤有机碳库约2344Gt的巨大储量(Stockmann et al.,2013),其微小的变化即可导致大气中二氧化碳浓度的显著波动。因此,对发展较传统方法更快、更便宜的土壤有机碳含量观测新技术的需求与日俱增(Viscarra Rossel et al.,2016)。可见-近红外漫反射光谱作为一种快速、无损的检测方法,在采集土壤样品信息时,有可能节省时间,降低成本,实时土壤光谱反射率的获取使得定量估计土壤有机质和其他相关土壤性质的分布成为可能。该方法已成功应用于实验室和现场的土壤碳氮含量预测(Cambou et al.,2016)。

土壤属性光谱模型研发是环境遥感和土壤科学的前沿领域(Annea et al.,2014)。研究人员比较了基于常用校准方法的土壤有机碳含量预测,包括逐步多元回归(Kweon and Maxton,2013)、偏最小二乘回归(PLSR)(Clairotte et al.,2016),回归树和随机森林(Knox and Grunwald,2018)。Viscarra Rossel 等(2006)则对涉及可见-近红外光谱的校准方法进行了系统综述。与线性光谱校准和验证方法相比,人工神经网络(ANN)和支持向量机(SVMs)是用于土壤有机碳含量的可见-近红外预测的两种最常用的工具。Mouazen 等(2010)将 PLSR 和反向传播神经网络相结合,成功地提高了 SOC 的可见-近红外预测精度。独立验证结果表明,ANN 在预测 SOC 含量方面优于 PLSR(Kuang et al.,2015)。与多元自适应回归样条和 PLSR 相比,支持向量机在预测所有可见-近红外波长的 SOC 含量时产生了较低的均方根误差(Viscarra Rossel and Behrens,2010)。

除了优化校正模型外,采样数学方法对原始光谱数据进行预处理,以提高后续估计的精度也是研究热点之一。Savitzky-Golay 平滑(SG)方法已被用于消除原始反射率中的随机噪声(Stevens et al.,2010)。标准正态变量(SNV)和乘性散射相关(MSC)的转换产生了类似的结果,并减少了与散射和粒径变异性相关的乘性干扰(Xu et al.,2018)。微分变换,包括整数阶导数(IOD)(Xu et al.,2018)和分数阶导数(FOD)(Li et al.,2015)的方法,已被广泛用于消除基线漂移和背景干扰。特别是 FODs,它可以将传统的 IOD 扩展到任意数量级,有助于平衡光谱分辨率和光谱强度的大小。最近,FOD 方法的应用比以往更为频繁(Hong et al.,2019)。

本研究旨在比较基于 Vis-NIR(350～2500nm)土壤光谱的多元统计方法(PLSR、WNN 和 SVM)估算土壤有机碳。在受控的实验室环境中,对选定的干燥、粗糙(<2mm)和非均质土壤样品进行测量。研究了不同反射率预处理方法对 SOC 估计的影响。

一、土壤光谱特征

(一)总体样本光谱特征

从总体样品的光谱曲线特征可见,在 400～750nm 和 1900～2150nm 范围内土壤光谱反射率随着波长的增加而急剧增加,而在波长 1300～1400nm、1850～1900nm 和 2300～2450nm 范围内,随着波长的增加而显著降低(图 4-5a)。一阶导数变换可增强光谱吸收特性。可见光区域出现的吸收峰的宽度和深度反映了有机物的 C-H 弯曲振动的强度(Stenberg et al.,2010)。在近红外区域(780～2450nm)约 1400nm、1900nm 和 2200nm 处提取了 3 个显著的吸收特征(图 4-5b),这些峰通常被认为与黏土矿物中所含的水分子和羟基有关,如 Viscarra Rossel 等(2006)所述。土壤的可见-近红外光谱特征包含了与有机质吸收有关的信息,为采用多元校正方法测定土壤有机质含量提供了理论依据。

(二)不同类型土壤光谱特征

将全部土壤样本按照土类进行划分,对同一土壤类型的光谱反射率求取平均后得到

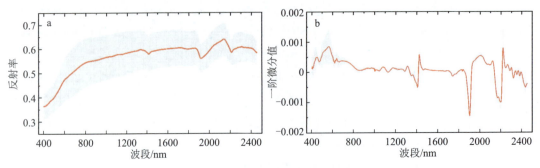

图 4-5 土壤光谱反射率均值及其对应范围(阴影区)
a.原始光谱；b.一阶导数光谱

其反射率曲线。从滨海盐土、潮土、粗骨土、水稻土和红壤 5 种土类的光谱反射率曲线（图 4-6）可见，不同类型土壤反射光谱曲线存在差异，但又有一定的规律性。按照光谱曲线形状可以分为陡坎型(红壤和粗骨土)和缓斜型(潮土、滨海盐土和水稻土)，其中红壤和粗骨土的光谱反射强度、曲线变化的斜率和特征吸收谷的强度基本类似，在 900nm 附近出现强烈的 Fe^{2+}、Fe^{3+} 吸收带，其强弱可充分显示土壤中游离氧化铁的含量。在 1400nm、1900nm 和 2200nm 附近均出现了强烈的吸收峰，通常认为与黏土矿物中所含的水分子和羟基有关。

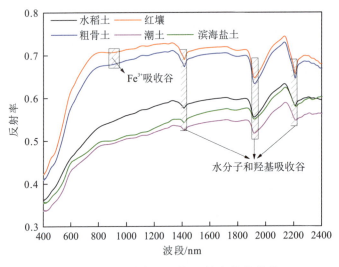

图 4-6 不同类型土壤反射率均值曲线

（三）时间序列土壤近地光谱反射率

由不同成陆时间土壤近地高光谱反射率(图 4-7)可见，1958 年围垦区域土壤具有最高的近地高光谱反射率，而 1471 年则具有最低的反射率。总而言之，随着成陆时间的增加,土壤近地高光谱反射率不断降低,归因于土壤熟化程度提高,土壤有机质含量增加,吸收了光谱反射。值得注意的是,成陆于1977年的土壤近地高光谱反射率却最低,归因于土地利用方式为人工林地,土壤具有较高的有机碳含量。

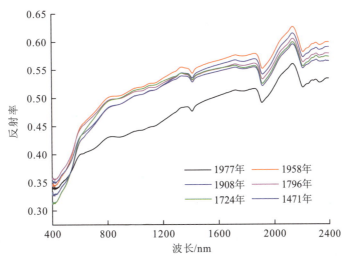

图4-7 不同成陆时间土壤近地高光谱反射率

(四)土壤剖面近地光谱反射率

典型剖面不同层位土壤近地高光谱反射率(图4-8)显示,不同剖面各层位土壤光谱反射率存在较大差异,cxtp27红壤剖面较其他剖面各层位土壤反射率较高,潮土剖面土壤光谱反射率较低且更加集中。

1. 滨海盐土剖面

该剖面位于慈溪滩涂围垦地区,表层土壤呈砂性,发育程度较低,有机质含量较低成土母质为滨海沉积物。剖面深度为100cm,表面0~30cm土壤根系发育,土壤颜色较深;31~70cm为淋溶层,作物根系减少,颜色较深,土壤砂性增强;71~100cm为土壤发生层,基本不见作物根系,剖面底层含有少量铁锰物质。除cxtp01-4具有最高的光谱反射率外,滨海盐土剖面土壤光谱反射率有随着深度增加而逐渐降低的变化趋势。

2. 潮土剖面

该剖面位于慈溪坎墩镇孙方村,表层0~10cm耕作层为轻壤土,作物根系发育,土壤呈灰色,较黏散;11~30cm为淋溶层,土壤颜色与耕作层接近,土壤结构多呈团粒状,见粗大作物根系,土壤有机质含量较高;30~100cm为淀积层,其中31~60cm层位土壤紧实度增加,铁锰氧化物含量增大,土体呈青灰色,土壤有机质含量降低,随着深度增加,土壤铁锰氧化物含量增加,土体呈菱形结构。与滨海盐土相同,潮土剖面的光谱反射亦较低且更为集中,但是随着深度的增加反射率逐渐增大,与潮土剖面不同层位土壤有机质含量不同相关。

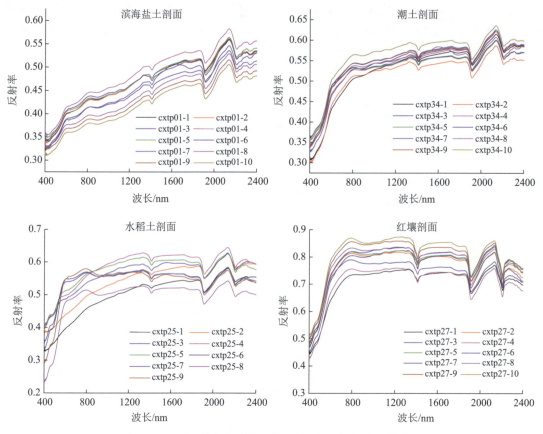

图 4-8 典型剖面不同层位土壤近地高光谱反射率

3. 水稻土剖面

该剖面位于慈溪观海卫镇,土体构型为 A—P—W—G。剖面表层 0～10cm 为耕作层,土壤类型为中壤土,颜色较深,水稻根系较为发育,周围多锈线,土壤较为松软;11～30cm 为犁底层,土壤紧实度随深度增加而增强,可见水稻根系,锈斑锈线发育,颜色较上层浅;31～80cm 为渗育层,土壤颜色总体较浅,特别是第 4 层位,土壤颜色呈中灰色,较为紧实,有机质等物质受到淋溶作用,含量较低,含有少量的铁锰氧化物质;81～100cm 为潜育层,有地下水渗出,土壤灰褐色夹杂少量黄色,土壤黏稠,湿度较大,受淹水作用形成。虽然水稻土剖面土壤光谱反射率曲线较为复杂,但总体与土壤发生特征具有较好的对应性,如第 3、第 4 和第 5 层位,由于受到淋溶作用,有机质含量在整个剖面最低,故此 3 层土壤具有最高的光谱反射率;除此之外,不同层位在可见光波段土壤光谱反射率差异显著,第 1 和第 2 层位在线形上更加平缓,而其他层位则较为陡峭。

4. 红壤剖面

该剖面位于慈溪桥头镇水源地保护区附近,为杨梅种植林地,土体构型为 A—B—C,成土母质为酸性火山岩类风化物。剖面耕作层(0～10cm)土壤为砂土,较为松散;剖面 11

~80cm 层位土壤孔洞发育,多见作物粗大根茎,土体较紧实;81~100cm 层位为母质层,为残坡积物质。红壤剖面土壤光谱反射率曲线具有较为一致的变化趋势,其中成土母质层位土壤具有最高的光谱反射率,耕作层土壤具有最低的光谱反射率,这较好地对应了土壤有机质的含量特征,此外在900nm附近,所有层位均呈现出吸收,与酸性火山岩风化形成的红壤具有较高的铁锰氧化物含量有关。

二、土壤有机碳含量与光谱反射率的关系

图 4-9 为土壤样品有机碳量与 400~2450nm 范围内不同预处理光谱反射率的相关性,结果显示,在 570nm、820nm、1400nm、2200nm 和 2300nm 处附近出现强而显著的峰。在 530~590nm 范围内存在一个强而宽的谱带,在 570nm 左右存在吸收峰,相关系数大于 0.6,主要是由于土壤生色团和有机质黑色的影响。与土壤有机质直接相关的 C—H 吸收带存在于 820nm 附近的第三倍频区,主要是由于 NH、CH 和 CO 基团的泛音和分子振动(Stenberg et al.,2010)。第一倍频区 1400nm 波段的高相关性归因于土壤矿物中的水分子和高岭土中 O—H 键的拉伸振动。由于 Al—OH 黏土矿物的吸收,2200nm 处的一阶微分光谱与有机质高度相关。2300nm 处一阶微分光谱的相关性受 C—H 特征吸收峰的影响(Viscarra Rossel et al.,2006)。

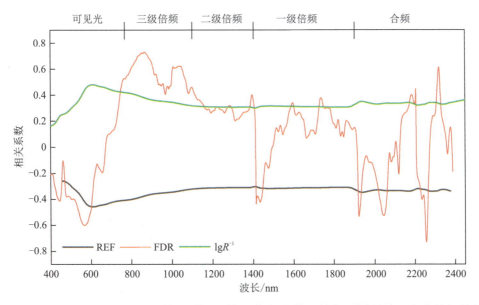

图 4-9 SOC 含量与可见光、第一、第二、第三倍频光谱反射率不同预处理方法的相关性

三、多变量技术的预测能力

利用 PLSR、SVMR 和 WNN 多变量技术对光谱数据进行了校正和验证。不同的多变量技术为 SOC 含量预测提供了不同的精度,不同模型的 SOC 预测值与测量值散点图

如图 4-10 所示。总体而言，所有研发的模型都提供了良好的 SOC 预测值，RPD_P 介于 1.88~2.81 之间，SVM 在交叉验证和独立验证方面优于 PLSR 和 WNN。根据 Viscarra Rossel 等（2006）的评估标准，预测精度被划分为非常好和优秀。与 PLSR 和 WNN 方法相比，SVMR 的 $RMSE_P$ 降低了 4.9%~29.4%，RPD_P 提高了 6.01%~42.64%。光谱数据的 FDR 预处理结合 SVMR（FDR-SVMR）是最准确的预测方法（$R_P^2=0.92$；$RMSE_P=0.36$；$RPD_P=2.81$），表明本研究中引入的 FDR-SVMR 模型具有足够的鲁棒性和稳定性，可以应用于类似土壤有机碳含量的预测。

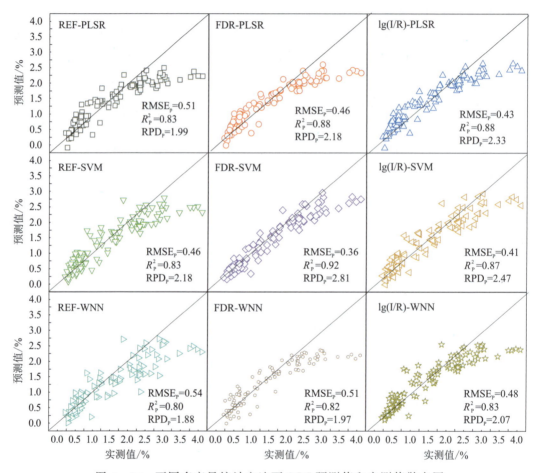

图 4-10　不同多变量统计方法下 SOC 预测值和实测值散点图

为了进一步评价 SVMR 模型在反演 SOC 浓度方面的优势，利用克里格模型制作了实测和预测 SOC 含量的插值图（图 4-11）。SOC 实测和预测插值图的 Kappa 相关系数高达 0.97，显示出 SOC 热点总体相似，局部高 SOC 范围则有所不同。与实测 SOC 数据插值结果相比，预测 SOC 数据得到的插值图不易发生误差传播，表现在基于均方根误差的 SOC 含量空间预测精度从 0.47% 提高到 0.57%。结果表明，结合可见-近红外光谱和 FDR-SVMR 模型可以有效预测杭州湾南部的 SOC 含量。

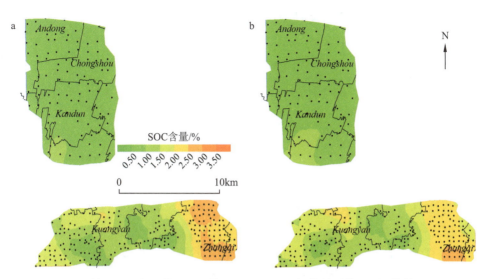

图 4-11 土壤 SOC 实测值(a)和利用 Vis-NIR 光谱预测值(b)插值结果对比图

四、PLSR、SVM 和 WNN 校正方法的比较

基于 R^2 和 RPD 值(表 4-5)可见,根据 Viscarra Rossel 等(2006)的评估标准,PLSR、WNN 和 SVM 校准方法产生从良好到非常好的估计结果。然而,与 Askari 等(2015)和 Heinze 等(2013)的值相比,本研究中 SOC 的 R^2_{CV} 相对较低(0.69~0.78)。Malley 和 Williams(1997)指出,当所有样品的土壤类型相似时,SOC 含量的预测结果往往更好。因此,土壤样品的不均匀性可能是本研究中 R^2_{CV} 相对较低的原因之一。Kuang 和 Mouazen(2011)发现,当土壤属性具有较大空间变异性时,校准模型可以提供更高的预测精度。与该研究中的 0.70%~14.43% 的有机碳含量变程相比,本研究的土壤 SOC 含量范围介于 0.39%~4.33% 之间。

表 4-5 基于 PLSR、WNN 和 SVM 的 SOC 含量预测模型校正和验证的统计评价

模型类型	主要参数	校正($n=216$)				验证($n=107$)		
		潜变量	$RMSE_C$	R^2_{CV}	RPD_{CV}	$RMSE_P$	R^2_P	RPD_P
REF-PLSR	/	9	0.44	0.70	1.83	0.51	0.83	1.99
FDR-PLSR	/	6	0.42	0.73	1.92	0.46	0.88	2.18
$\lg R^{-1}$-PLSR	/	10	0.41	0.74	1.96	0.43	0.88	2.33
REF-SVMR	$C=147,\varepsilon=0.30,\sigma=0.02$	4	0.42	0.72	1.92	0.46	0.83	2.18
FDR-SVMR	$C=256,\varepsilon=0.10,\sigma=256$	5	0.38	0.78	2.12	0.36	0.92	2.81
$\lg R^{-1}$-SVMR	$C=256,\varepsilon=0.20,\sigma=0.11$	4	0.42	0.73	1.92	0.41	0.87	2.47
REF-WNN	/	4	0.45	0.69	1.82	0.54	0.80	1.88
FDR-WNN	/	5	0.44	0.70	1.81	0.51	0.82	1.97
$\lg R^{-1}$-WNN	/	4	0.41	0.73	1.95	0.48	0.83	2.09

背景噪声、基线漂移和土壤属性特征可能会加强光谱数据与 SOC 含量之间的非线性关系(Vohland et al.,2011;Xu 等,2018)。SVMR 是建立光谱数据和 SOC 含量之间相关性的一种合适的多元统计方法,归因于支持向量机可以通过考虑非线性信息来提高估计精度结果(Viscara Rossel and Behrens,2010;Kuang et al.,2015;Xu et al.,2018)。与已有研究结果一致(Kuang et al.,2015;Lucà et al.,2017),本研究结果亦证明 SVM 校准模型在 SOC 含量估计中优于 WNN 模型(表 4-5)。支持向量机模型基于核函数,具有减少训练时间的优点,此外与其他多元方法相比,支持向量机模型对噪声和异常值的敏感性较低(Thissen et al.,2004)。

通过预测结果比较可知,SVMR 和 PLSR 多变量方法在 SOC 含量估计方面没有显著的差异,证明 PLSR 在估算 SOC 含量方面的良好性能(Shao and He,2011)。值得注意的是,PLSR 方法可以通过采用足够数量的潜变量对非线性关系进行建模分析(Shi et al.,2013)。本研究在 REF-PLSR、FDR-PLSR 和 $\lg R^{-1}$-PLSR 模型中分别选取了 6 个、9 个和 10 个潜变量,在 REF-SVM、FDR-SVM 和 $\lg R^{-1}$-SVM 模型中则分别输入并选取了前 4 个、5 个和 4 个变量。

五、预处理方法对不同模型 SOC 含量预测结果的影响

良好的预处理技术可用于光谱数据以提高预测精度(Bartholomeus et al.,2008)。特定光谱数据的预处理可以改进 PLSR 和 SVMR 模型的预测结果,但无论采用哪种预处理变换,WNN 模型的预测能力始终保持在良好水平。与结合了 FDR 预处理的 SVMR 相比,使用了 REF 和 $\lg R^{-1}$ 的预测精度明显降低。FDR 在消除与土壤粒径变化和光谱噪声相关的干扰方面优于 REF 和 $\lg R^{-1}$,适用于本研究中使用的 ASD 仪器(Yu et al.,2016)。因此,在 SOC 含量预测方面,FDR-SVMR 模型具有较好的鲁棒性和稳健性。

研究同时发现,$\lg R^{-1}$ 预处理方法与 PLSR 和 WNN 多变量技术相结合时,比 REF 和 FDR 的效果更好,因为 $\lg R^{-1}$ 预处理算法消除了基线效应(Ben-Dor E et al.,1997),并增强了光谱特征(Schlerf et al.,2010)。$\lg R^{-1}$-PLSR 和 $\lg R^{-1}$-WNN 的 R_P^2 值分别为 0.88 和 0.83,分别比 REF-PLSR 和 REF-WNN 高 0.05 和 0.03。$\lg R^{-1}$-PLSR 和 $\lg R^{-1}$-WNN 的 RPD_P 值分别比 REF-PLSR 和 REF-WNN 高 0.34 和 0.21,比 FDR-PLSR 和 FDR-WNN 高 0.15 和 0.12。

第五章　土壤碳储量变化及其影响因素

全球1m厚地表土壤有机碳储量高达1550Pg,是陆地生物碳库(560Pg)的3倍、大气碳库(780Pg)的2倍。大量的研究已经确认土壤释放的CO_2是全球碳循环的最大来源之一,土壤碳呼吸速率的微小变化对大气CO_2的浓度具有重要的影响。土壤碳库的大小受植被、气候、土壤属性以及土地利用方式的变化等多种自然因素和人文因素的综合影响。因此,估算土壤碳库和不同时期碳库的变化速率及其可能影响因素的作用,对研究全球气候的未来变化趋势具有重要的科学意义。

第一节　土壤碳库时空分布及其变化

将研究区当前土壤有机碳库储量与20世纪七八十年代全国第二次土壤普查、2002年及2008年的土壤有机碳库储量进行比较(表5-1)发现,与全国第二次土壤普查时期的土壤容重相比,2002年、2008年及本研究的土壤容重都大幅度地降低,降幅介于22.1%～24.0%之间,而全国第二次土壤普查后的3个时期土壤容重几乎没有差异。与全国第二次土壤普查土壤有机碳含量相比,2002年土壤调查的有机碳含量略有所下降,降幅达8.7%,而2008年和当前时期研究区表层土壤有机碳含量高于全国第二次土壤普查,增幅分别为19.0%和5.1%。与全国第二次土壤普查数据相比,此后3个时期的土壤有机碳密度均有不同程度的下降,降幅在1.4%～27.8%之间,其中2002年土壤调查时期的有机碳密度下降的幅度最大,而2008年土壤调查时期有机碳密度与全国第二次土壤普查数据相差不明显。

将本研究获得的土壤有机碳密度分别与20世纪七八十年代全国第二次土壤普查时的土壤有机碳密度数据、2002年调查时土壤有机碳密度数据以及2008年调查时土壤有机碳密度数据进行对比。统计各时期研究区表层土壤碳数据后得到:全国第二次土壤普查时期,研究区表层土壤有机碳密度在1.40～7.75kg/m^2之间,平均为4.28kg/m^2;2002年,研究区表层土壤有机碳密度在1.17～3.34kg/m^2之间,平均为2.62kg/m^2,较全国第二次土壤普查时期显著降低;2008年,研究区表层土壤有机碳密度在1.75～5.19kg/m^2之间,平均为3.74kg/m^2,较2002年显著上升。

表 5-1 不同时期土壤容重、有机碳含量及其密度的变化

理化指标		不同时期			
		20世纪七八十年代	2002年	2008年	2014年
容重	平均值/(g·cm^{-3})	1.54	1.17	1.17	1.20
	最大值/(g·cm^{-3})	1.74	1.33	1.33	1.44
	最小值/(g·cm^{-3})	1.26	1.08	1.08	0.97
	标准差/(g·cm^{-3})	0.17	0.12	0.12	0.13
	变异系数	0.11	0.10	0.10	0.11
SOC	平均值/%	1.49	1.36	1.84	1.57
	最大值/%	2.41	2.66	3.26	9.01
	最小值/%	0.41	0.37	0.13	0.40
	标准差/%	0.80	0.63	0.77	1.04
	变异系数	0.53	0.46	0.42	0.66
SOCD	平均值/(kg·m^{-2})	4.28	3.09	4.22	3.74
	最大值/(kg·m^{-2})	7.75	5.75	8.01	23.08
	最小值/(kg·m^{-2})	1.40	0.98	0.35	0.95
	标准差/(kg·m^{-2})	1.97	1.30	1.78	2.48
	变异系数	0.46	0.42	0.42	0.66

运用空间插值方法来分析研究区土壤有机碳密度及其变化趋势分布。在插值方法上，普通克里格插值依然在总体上呈现较高的精确度；在模型选择方面，不同半变异函数模型交叉检验结果显示，Circular模型对全国第二次土壤普查及2008年调查数据具有最佳效应，而Stable模型则是对2002年研究区表层土壤有机碳密度模拟的最佳半变异函数模型(表5-2)。

根据最佳模型，对不同时期表层土壤有机碳密度进行普通克里格插值，从图5-1可见，整体上研究区的表层土壤有机碳密度都是呈由南向北降低的趋势。对各期表层土壤碳密度的普通克里格插值结果的块金值与基台进行比较可得，全国第二次土壤普查时期、2002年和2008年表层土壤有机碳插值的块金值/基台值分别为11.67%、10.79%和70.50%。这表明，在全国第二次土壤普查时期至2002年，研究区表层土壤有机碳密度具有强烈的空间相关性，其受到土壤的内在因子作用较大；而到2008年，研究区土壤有机碳密度属中等空间相关性，受外在因子影响显著增大，人为活动干扰明显加剧。

表 5-2　20世纪七八十年代、2002年和2008年表层土壤有机碳密度半变异函数模型交叉检验结果

时期	模型	平均值/(mg·kg^{-1})	均方根	标准平均值/(mg·kg^{-1})	标准均方根	平均标准误差/(mg·kg^{-1})
20世纪七八十年代	stable	-0.021 3	1.291 8	0.024 1	1.021 8	1.193 5
	circular	-0.017 4	1.267 7	0.016 0	1.021 5	1.186 2
	spherical	-0.017 3	1.266 0	0.009 6	1.042 3	1.166 3
	tetraspherical	-0.017 1	1.265 4	0.006 7	1.051 3	1.158 3
	pentaspherical	-0.017 1	1.265 1	0.004 3	1.059 5	1.151 0
	expenential	-0.013 1	1.266 5	-0.022 9	1.144 8	1.088 1
	gaussian	-0.027 3	1.320 8	0.033 3	1.017 1	1.212 3
	rational quadratic	-0.015 0	1.281 2	-0.035 1	1.189 3	1.062 8
	hole effect	-0.035 3	1.367 3	0.043 5	0.978 1	1.291 0
	K-bessel	-0.023 9	1.308 5	0.028 4	1.024 2	1.199 1
	J-bessel	-0.029 3	1.330 0	0.036 7	1.008 7	1.226 8
2002年	stable	-0.008 6	0.801 3	-0.010 3	1.029 2	0.776 0
	circular	-0.003 0	0.773 1	-0.003 3	1.075 6	0.716 1
	spherical	-0.002 7	0.772 3	-0.002 9	1.088 1	0.707 2
	tetraspherical	-0.002 4	0.771 7	-0.002 6	1.099 2	0.699 5
	pentaspherical	-0.002 2	0.771 3	-0.002 3	1.110 5	0.691 9
	expenential	-0.056 6	0.777 5	-0.001 0	1.265 0	0.612 6
	gaussian	-0.008 6	0.801 3	-0.010 3	1.02 92	0.776 0
	rational quadratic	-0.001 4	0.777 6	-0.000 9	1.049 0	0.738 5
	hole effect	-0.007 5	0.799 5	-0.009 0	1.043 8	0.763 3
	K-bessel	-0.008 0	0.800 3	-0.009 6	1.037 0	0.769 2
	J-bessel	-0.007 5	0.799 4	-0.009 0	1.043 7	0.763 4
2008年	stable	-0.010 0	0.798 2	0.010 7	0.924 4	0.822 1
	circular	-0.012 8	0.775 9	-0.018 0	1.101 8	0.671 9
	spherical	-0.017 3	0.784 3	-0.047 5	1.232 1	0.615 0
	tetraspherical	-0.020 4	0.783 3	-0.052 0	1.252 3	0.603 7
	pentaspherical	-0.019 0	0.783 8	-0.050 0	1.242 8	0.609 0
	expenential	-0.001 0	0.790 0	-0.022 3	1.106 9	0.691 7
	gaussian	-0.045 4	0.761 4	-0.123 3	1.813 9	0.403 2
	rational quadratic	-0.042 3	0.767 8	-0.129 0	1.795 2	0.412 9
	hole effect	-0.055 5	0.767 5	-0.141 7	1.905 2	0.386 5
	K-bessel	-0.019 6	0.788 5	-0.061 4	1.286 5	0.595 2
	J-bessel	-0.047 1	0.760 1	-0.121 5	1.830 4	0.398 1

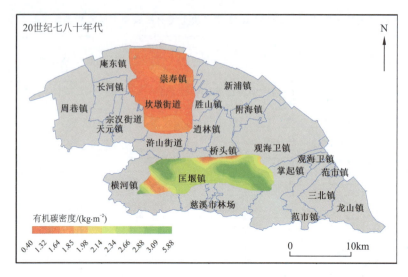
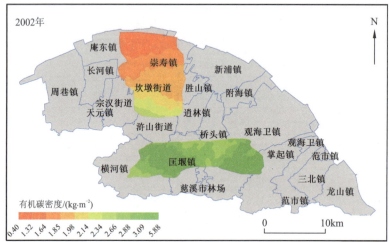
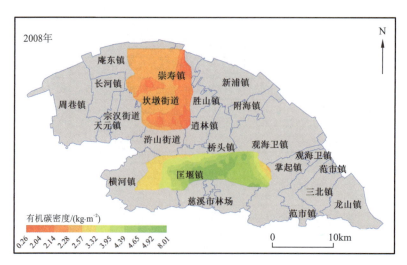

图5-1 20世纪七八十年代、2002年和2008年表层土壤有机碳密度

采用直接对当前土壤有机碳密度数据和以往3期土壤有机碳数据进行减差,并进行数据配对样本 t 检验以分析研究区土壤碳密度变化。结果显示,20世纪七八十年代至2002年期间,研究区表层土壤有机碳密度呈显著($p<0.05$,下同)减小趋势;2002—2008年期间,表层土壤有机碳密度呈显著增加趋势;2008—2014年,表层土壤有机碳密度变化趋势不显著;总体上,全国第二次土壤普查时期到现今,研究区表层土壤有机碳密度呈显著减小趋势(图5-2)。

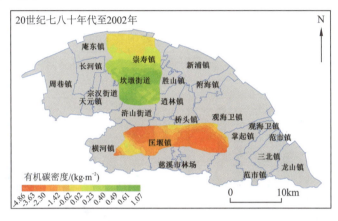

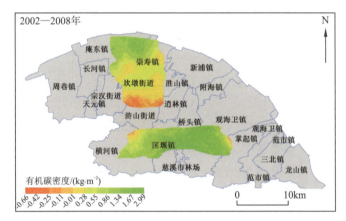

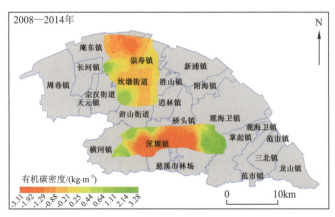

图5-2 表层土壤有机碳密度变化分布图

按采样单元提取各期数据进行对比分析。不同时段表层土壤有机碳密度变化分布频率见图5-3。可以看出,20世纪七八十年代至2002年,研究区表层土壤有机碳密度变化集中在负值区,呈显著减小趋势,结合采样单元面积可以计算出这期间研究区土壤有机碳储量减小了约0.19Tg。2002—2008年,研究区表层土壤有机碳密度变化集中在0.4～2.0kg/m²,呈显著增加趋势,同样计算得研究区土壤有机碳储量变化约为增加了0.19Tg。而2008—2014年,研究区表层土壤有机碳密度变化范围在－3.0～3.0kg/m²之间,计算得研究区土壤有机碳储量变化约为－0.04Tg。而总体上,20世纪七八十年代至2014年,研究区表层土壤有机碳密度变化是集中在负值区的,即同全国第二次土壤普查时期相比,现在的土壤有机碳密度呈下降趋势,而碳储量则总计减少了约－0.39Tg。

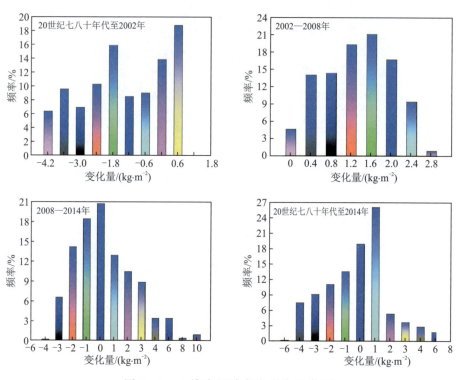

图5-3 土壤有机碳密度变化示意图

第二节 土壤理化性质对土壤碳库的影响

各因素主要通过对有机碳周转过程产生作用而影响土壤有机碳库。土壤有机碳周转过程是一个复杂缓慢的过程,受气候变化、土壤性质等多重因素的影响。在农田生态系统中,土壤有机碳周转还受到土地利用类型、施肥管理措施、耕作制度、种植制度、灌溉管理等多种人为活动的影响。

一、不同类型土壤有机碳储量

土壤类型是影响土壤有机碳库的一个主要因素,不同的土壤类型调控有机碳周转的作用不同,其固碳机理各有差别。从表 5-3 可以看出,慈溪地区土壤平均有机碳含量在 0.65%~2.16% 之间,平均有机碳密度在 1.65~5.06 kg/m² 之间,且各类土壤的有机碳含量及有机碳密度均存在较大的变异。

表 5-3 不同土壤类型有机碳库的差异

理化指标		土壤类型				
		滨海盐土 ($N=22$)	潮土 ($N=56$)	水稻土 ($N=149$)	红壤 ($N=48$)	粗骨土 ($N=16$)
SOC含量	平均值/%	0.65	0.89	2.16	0.97	1.24
	最大值/%	1.33	4.34	4.42	2.04	2.43
	最小值/%	0.4	0.42	0.46	0.41	0.45
	标准差/%	0.19	0.54	0.91	0.35	0.59
	变异系数	0.30	0.60	0.42	0.36	0.47
SOCD	平均值/(kg·m⁻²)	1.65	2.24	5.06	2.32	2.88
	最大值/(kg·m⁻²)	3.53	11.75	11.32	5.17	6.16
	最小值/(kg·m⁻²)	1	1.02	1.04	1.11	0.95
	标准差/(kg·m⁻²)	0.51	1.44	2.13	0.88	1.51
	变异系数	0.31	0.64	0.42	0.37	0.52

不同土壤类型平均有机碳含量和有机碳密度呈现出相同的变化趋势,即水稻土>粗骨土>红壤>潮土>滨海盐土,归因于土壤利用程度的差异;例如相对于滨海盐土而言,其他 4 类土壤人为性的有机碳投入相对较高。相应的不同土壤类型有机碳密度的变化趋势与有机碳含量的变化趋势相一致。由图 5-4 可见,由于土壤类型面积和有机碳密度差异,土壤有机碳库的差异较大,呈现为水稻土>潮土>红壤>滨海盐土>粗骨土的变化趋势。

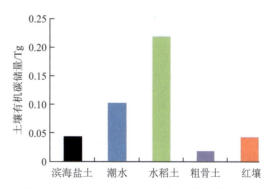

图 5-4 不同土壤类型有机碳储量的差异

二、土壤质地的碳库效应

(一)土壤质地

土壤质地是土壤较为稳定的自然属性,与 CH_4 与 CO_2 的产生过程(土壤有机碳的稳定性)存在一定的联系。土壤质地在植物生产以及土壤养分循环中起着非常重要的作用:第一,土壤质地能够直接影响土壤的孔隙状况,而后者会对土壤的通气透水性和保水保肥性产生影响,并可能进一步影响到植物对水分和营养物质的吸收,导致生产力的变化;第二,土壤质地与土壤中的水分、空气和温度状况密切相关,这些生态因子构成了土壤微生物和动物的生存环境,作为土壤有机质周转的关键动力,土壤微生物和动物的活动对植物生长和土壤碳氮含量都有着重要的影响;第三,土壤细颗粒物质尤其是黏粒具有长期固持碳和氮的能力,通过黏粒胶体的吸附以及与土壤有机质形成有机复合体的形式从而对土壤有机碳和氮起到物理保护作用(Sollins et al.,1996)。由研究区土壤质地的三角相图(图 5-5)可以看出,调查范围内的土壤质地集中于粉土向粉壤土过渡范围,个别样点接近于砂质壤土质地。

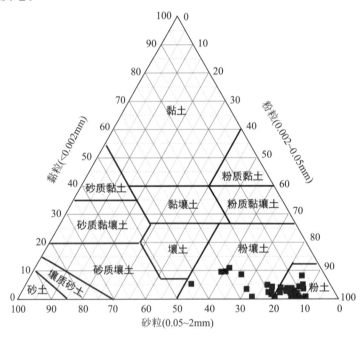

图 5-5 研究区土壤质地三角相图

(二)时间序列土壤质地及其碳库效应

比较不同成陆时间的土壤质地可以发现,砂粒和粉粒含量随着成陆时间的增加并无显著差异,而土壤黏粒含量随成陆时间的增加差异显著,总体表现出随成陆时间增加,土壤熟化程度增加,土壤黏粒含量升高的特点,表明熟化程度较高的土壤对于吸附土壤有机碳的能力也较强(图 5-6)。

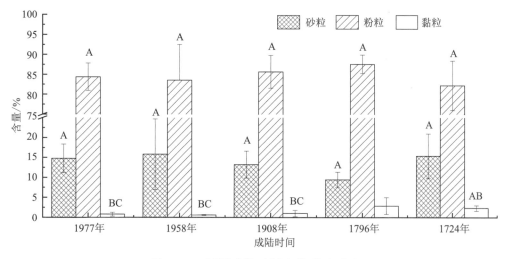

图 5-6 不同成陆时间土壤质地对比

(三)土壤质地垂向变化及其与有机碳含量相关性

以测制的 8 条精细剖面为研究对象,讨论慈溪市土壤质地的垂向变化特征及其与有机碳含量的关系。如图 5-7 所示,慈溪市典型土壤剖面土壤黏粒、粉粒含量均随土层深度增加而降低,砂粒含量则相反。在相关性方面,土壤粉粒(砂粒)含量与土壤总碳(有机碳)具有正(负)相关性,其中在 cxtp-01、cxtp-08 和 cxtp-17 剖面中达到显著($p<0.05$)水平,表明土壤粉粒含量的增加有利于土壤吸附土壤总碳。值得注意的是,在 cxtp-25 和 cxtp-27 剖面中,土壤黏粒含量与土壤有机碳含量分别呈极显著($p<0.05$)和显著负相关。土壤黏粒具有很大的比表面积与电荷密度,对土壤有机碳有较强的吸附能力,往往有利于有机碳的积累,但由于 cxtp-25 和 cxtp-27 土壤剖面中下层位湿度较大,上述现象可能归因于长期处于厌氧环境的土壤样品,在本次采样工作中暴露,加速了土壤有机碳的矿化过程。

三、土壤 pH 值和容重的影响

土壤 pH 值通过影响土壤微生物活性来改变土壤有机碳含量的变化,例如在低 pH 值的土壤上,由于低 pH 值作用一方面降低了作物产量,减少了碳投入量;另一方面低 pH 值也降低了土壤微生物活性,使土壤有机碳含量变化异于别处。土壤容重是土壤结构和通气透水性的直接反映,通过影响土壤的温度和湿度,调节土壤有机碳的分解。由表 5-4 可知,工作区水稻土和粗骨土的容重较其他 3 种土壤低,表明水稻土与粗骨土较为疏松,通气透水性较强。

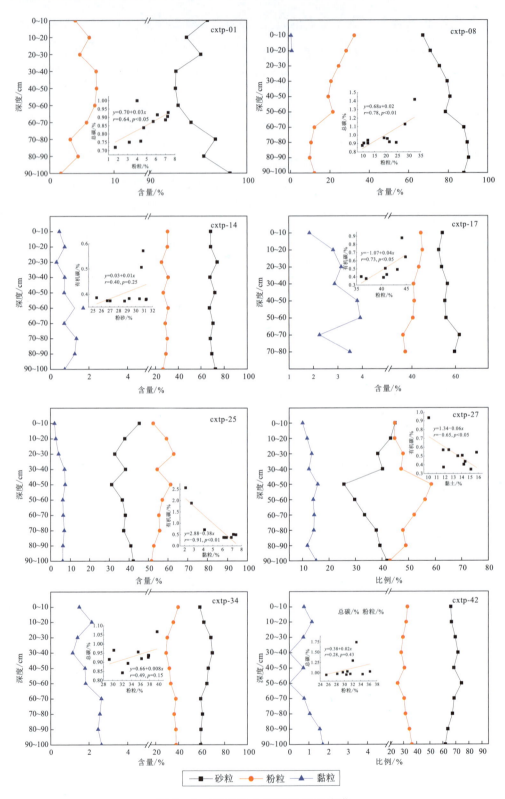

图 5-7 慈溪市土壤质地垂向变化

表 5-4　不同土壤类型土壤容重及 pH 值的差异

理化指标		土壤类型				
		滨海盐土 ($N=22$)	潮土 ($N=56$)	水稻土 ($N=149$)	红壤 ($N=48$)	粗骨土 ($N=16$)
pH	平均值	8.387	8.031	5.512	4.470	4.612
	最大值	8.900	8.890	8.050	6.200	7.540
	最小值	7.650	7.170	3.940	4.010	4.180
	标准差	0.277	0.319	0.816	0.380	0.804
	变异系数	0.033	0.040	0.148	0.085	0.174
容重	平均值/(g·cm^{-3})	1.267	1.259	1.178	1.207	1.143
	最大值/(g·cm^{-3})	1.354	1.393	1.437	1.437	1.309
	最小值/(g·cm^{-3})	1.193	1.132	0.965	0.981	1.058
	标准差/(g·cm^{-3})	0.047	0.091	0.146	0.124	0.097
	变异系数	0.037	0.073	0.124	0.103	0.085

第三节　土壤风化发育强度与有机碳含量相关性

土壤风化发育强度指标包括硅铝率和硅铁铝率(龚子同,1983;黄镇国等,1996),具体计算公式如下:硅铝率(Sa) = $w(SiO_2)/w(Al_2O_3)$;硅铁铝率(Saf) = $w(SiO_2)/[w(Al_2O_3)+w(Fe_2O_3)]$,硅铝率和硅铁铝率越大,代表土壤中的黏粒含量越高。

以不同类型土壤的剖面样品为载体,分析剖面不同层位土壤成土母质与基本理化性质的差异,研究土壤风化发育强度与土壤有机碳含量相关性,为进一步理解不同类型土壤剖面地球化学过程对土壤碳库的可能影响奠定基础。如表 5-5 和表 5-6 所示为不同类型土壤母质组成的差异。其中,红壤中 SiO_2 的平均含量相较高于其他 3 种土壤,而其他 3 种土壤 SiO_2 平均含量的差异不明显。水稻土中 Al_2O_3 的平均含量相较高于其他 3 种土壤。

土壤 Sa 和 Saf 能够指示土壤的脱硅富铁铝过程,脱硅富铁铝是热带地区土壤发生过程中进行的一个重要的地球化学过程,因此在土壤发生学剖面中,脱硅富铝化应是表层向下依次减弱,这在本研究中土壤熟化程度相对较低的滨海盐土剖面得到了很好的体现;潮土剖面的变化趋势则相反,随着深度增加,Sa 和 Saf 值逐渐减小;水稻土剖面上部 40cm

表 5-5　不同类型土壤不同土层土壤母质组成的差异

土层/cm	SiO₂/%				Al₂O₃/%				Fe₂O₃/%			
	盐土	潮土	水稻土	红壤	盐土	潮土	水稻土	红壤	盐土	潮土	水稻土	红壤
0~10	69.27	69.97	71.69	73.95	9.59	11.36	14.30	14.67	3.80	4.40	6.82	3.85
10~20	69.23	69.64	72.62	73.21	9.46	11.78	14.40	13.32	3.85	4.52	7.27	3.47
20~30	69.38	68.28	72.08	72.97	9.31	11.76	14.36	12.88	3.78	4.51	7.76	3.29
30~40	68.66	68.15	69.85	74.25	10.04	11.20	15.00	12.19	3.85	4.30	6.69	3.14
40~50	68.97	68.70	68.82	75.24	10.12	11.51	15.10	12.28	3.89	4.38	6.37	3.25
50~60	68.70	67.32	67.03	75.95	10.10	10.82	15.22	12.72	3.90	4.10	4.97	3.28
60~70	69.05	67.68	66.70	75.99	10.24	11.00	15.08	13.18	3.78	4.23	4.58	3.37
70~80	70.32	66.93	65.98	75.08	9.87	10.77	13.03	13.87	3.76	3.95	4.36	3.62
80~90	70.27	66.33	66.22	75.03	9.97	10.74	12.22	13.94	3.72	4.03	4.45	3.60
90~100	70.71	67.01	66.71	72.47	9.98	10.65	12.32	13.08	3.77	3.99	4.39	3.43
平均	69.46	68.00	68.78	74.41	9.87	11.16	14.10	13.21	3.81	4.24	5.77	3.43

表 5-6　不同类型土壤不同土层土壤化学性质的差异

土层/cm	易氧化有机碳/%				N/(mg·kg⁻¹)				易氧化有机碳占SOC的百分比/%				C/N			
	盐土	潮土	水稻土	红壤	盐土	潮土	水稻土	红壤	盐土	潮土	水稻土	红壤	盐土	潮土	水稻土	红壤
0~10	0.56	0.34	1.65	0.70	825	333	381	256	70.54	59.46	64.31	74.87	17.75	11.25	9.72	13.65
10~20	0.30	0.29	1.14	0.39	479	325	394	272	60.72	57.23	60.44	68.48	18.43	11.79	9.29	13.74
20~30	0.15	0.10	0.37	0.32	312	354	402	282	39.34	25.86	51.79	63.76	16.37	10.79	9.21	14.36
30~40	0.15	0.10	0.29	0.45	296	325	365	405	39.74	26.27	57.57	78.85	14.79	11.49	10.04	10.81
40~50	0.14	0.08	0.29	0.37	314	304	357	458	37.13	21.38	59.32	68.41	15.34	12.47	10.44	11.06
50~60	0.13	0.17	0.13	0.32	293	306	453	517	34.97	44.90	34.90	63.17	15.10	12.22	10.80	10.47
60~70	0.17	0.14	0.13	0.30	288	320	471	594	46.02	37.51	35.50	68.59	15.34	11.91	10.69	9.61
70~80	0.25	0.19	0.15	0.17	288	314	794	511	66.70	49.72	40.49	41.95	16.81	12.31	9.00	9.82
80~90	0.18	0.13	0.13	0.19	309	538	2170	655	48.00	33.93	35.50	50.91	14.16	9.42	8.69	8.69
90~100	0.24	0.08	0.19	0.15	328	599	2839	1038	64.00	21.36	51.31	42.98	11.99	9.54	9.04	9.00
平均	0.23	0.16	0.45	0.34	373.06	371.73	862.48	498.74	50.72	37.76	49.11	62.20	15.61	11.32	9.69	11.12

的 Sa 和 Saf 含量随深度逐渐降低,而下部各层位的变化趋势与滨海盐土一致,归因于:①耕作层水稻根系对铁元素的富集作用,易作物根系周边形成锈斑、锈纹;②水稻秸秆分解向表层土壤释放了包括 Si 在内的灰分元素,植物通过主动或被动的方式吸收土壤溶液中的硅,然后在植物的细胞壁、内腔和细胞间空隙处以生物硅的形势贮存下来,生长季节结束后,植物残体逐渐分解,其体内的生物硅释放到表层土壤中被保存下来;对于红壤而言,其实表层 0~20cm 的 Sa 和 Saf 值逐渐增大,成因与水稻土一致,而其他层位,土壤 Sa 和 Saf 值随深度增加表现出先增后减的变化特征,可能归因于 30~70cm 层位,土壤铁铝氧化物,受到风化淋溶作用流失,而在剖面 80~100cm 层位土壤富集(图 5-8)。

水稻土剖面土壤发育风化程度与土壤有机碳含量具有极显著($p<0.01$)的相关性(图 5-9),与硅铝率和硅铝铁率的相关系数分别为 0.84 和 0.88,表明水稻土剖面土壤 Sa 和 Saf 能够较好地指示土壤风化发育程度,同时与土壤有机碳含量形成较好的相关性。滨海盐土、潮土以及红壤剖面土壤 Sa 和 Saf 与土壤有机碳含量之间相关性较低,达不到显著水平。比较 4 种类型土壤剖面,水稻土剖面土壤 Sa 和 Saf 值相对较低,主要是因为较高的 Al_2O_3 含量所致。研究表明,铝是酸化土壤上引起农作物减产、森林枯萎的重要原因之一,土壤中的 SiO_2 含量是稳定的、变化较小,因此土壤中硅铝率越高,活性铝含量越低,植物生长受影响越小;硅铝率越低,表明土壤中活性铝含量越高,植物生长受影响越大。而植物凋落物往往又是土壤有机碳含量的主要来源之一,因此土壤风化发育程度指标能够在一定程度上指示土壤有机碳含量状况。

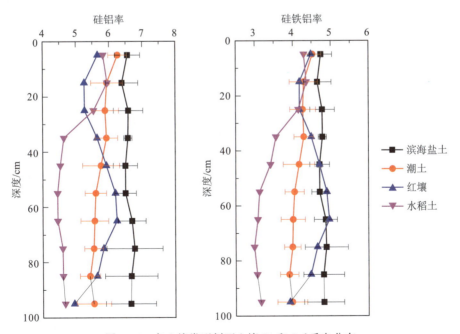

图 5-8 各土壤类型剖面土壤 Sa 和 Saf 垂向分布

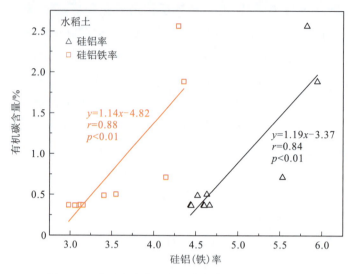

图 5-9 水稻土发育风化强度与有机碳含量相关性

第四节 围垦年限的土壤有机碳库效应

慈溪市大部分土地均通过围海造田以及淤泥质滩涂发育形成,在人类长期耕作的过程中,通过不断的排水脱盐、灌溉施肥以及土地利用方式的不断转变,使土壤结构发生着深刻的变化。因此,研究围垦年限对土壤碳库的影响对于认识人类活动对全球气候环境变化具有直接的指示作用。

不同围垦年限对土壤有机碳含量和土壤容重的影响见表 5-7。土壤有机碳含量由熟化时间 36a 的 0.59%,增加至熟化时间 289a 的 0.81%,增幅达 21%;土壤容重最小值和最大值分别出现在土壤熟化了 105a 和 217a,分别为 1.26g/cm³ 和 1.38g/cm³。

表 5-7 不同围垦年限土壤有机碳库的差异

有机碳库		土壤熟化时间/a				
		36	57	105	217	289
SOC 含量	平均值/%	0.590	0.650	0.640	0.680	0.810
	标准差/%	0.204	0.068	0.157	0.138	0.103
	变异系数	0.343	0.104	0.244	0.204	0.128
土壤容重	平均值/(g·cm⁻³)	1.270	1.280	1.260	1.380	1.330
	标准差/(g·cm⁻³)	0.053	0.059	0.095	0.057	0.014
	变异系数	0.042	0.046	0.075	0.041	0.011

变化趋势方面,随着围垦年限或土壤熟化时间的增加,土壤有机碳含量和土壤容重总体呈现增大趋势(图5-10)。土壤有机碳含量随围垦时间而增加,主要归因于工业革命以来高强度的人类活动导致高强度的土壤肥力提升,同时由于机械化的耕作方式取代传统的人工翻耕,土壤板结化程度增加,土壤容重也逐渐升高。

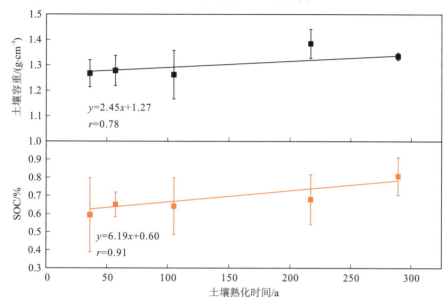

图5-10 土壤容重、SOC与围垦年限关系

第五节 土地利用类型转化的土壤碳源汇效应

土地利用/覆盖变化(LUCC)是一种变化的状态,也是变化的结果。它可以改变土壤有机物的输入,又可以通过改变小气候和土壤条件来影响SOC的分解速率,进而影响SOC的动态变化。本研究通过获取改革开放经济快速发展背景下,研究区土地利用类型的面积、分布及地类间的转化,以定性说明土地利用/覆被变化对土壤碳源汇演变的影响。

一、土地利用类型变化

经计算,慈溪市不同时期遥感影像解译结果的Kappa系数大于90%。一般研究认为当Kappa系数大于80%时,分类质量很高(罗怀良等,2010)。因此,本研究土地利用解译结果精度较高,可以精确地反映典型地区土地利用/覆被的分布与变化情况。从慈溪市地类转移矩阵和空间分布(表5-8,图5-11)来看,1981—2003年期间,慈溪市土地利用方式最显著的变化特征为大量滩涂向耕地转换,耕地向居工地,以及林地向耕地的转换也较为显著。2003—2008年期间,最显著的地类转换仍然为耕地向居工地的转换,达到168.75 km²。慈溪市为沿海城市,1981年行政区内存在大量的滩涂地,随着时间的推移,滩涂用地在自然和人为作用下不断被熟化为耕地。

表 5-8 慈溪市土地利用转移矩阵

土地利用	时间段	耕地/km²	居工地/km²	林地/km²	水体/km²
耕地	1981—2003 年		94.44	8.72	0.86
	2003—2008 年		168.75	29.52	3.50
居工地	1981—2003 年	60.41		10.71	2.58
	2003—2008 年	13.97		0.53	0.26
林地	1981—2003 年	92.10	29.20		8.45
	2003—2008 年	5.02	1.89		0.15
水体	1981—2003 年	14.26	1.64	7.37	
	2003—2008 年	0.64	1.60	0.49	
滩涂	1981—2003 年	133.24	11.87	1.15	1.08
	2003—2008 年	/	/	/	/

注:"/"表示缺乏相关参数未计算。

耕地在向居工地转换过程中存在阶段性:20世纪七八十年代至1995年期间,乡镇企业的大规模发展使得建设用地的需求十分旺盛,导致大量农田被占用。1995—2000年由于乡镇企业普遍面临着转型的压力,发展速度趋缓甚至难以为继,另外国务院在1997—1999年期间对耕地转换审批冻结一年以及出台的一系列严格的耕地转换审批制度,耕地总量动态平衡制度,这些都导致建设用地的扩张和农用地的减少速度趋缓。而2000—2005年期间,由于出现大规模的撤县并区,市辖区对周边土地有了较强的控制权,进入了新一轮的城市空间扩展和新城建设的高峰,建设用地的扩张趋势又开始加强(王磊和段学军,2010),表现出建设用地扩张强烈。

二、土地利用转换的碳源汇效应定性分析

土地利用方式与土壤呼吸有着密切的联系。土地利用方式主要通过改变土壤微环境,来影响土壤的功能和性质(Saggar et al.,2001),并改变土壤微生物的组成和活性,使土壤成为碳的源或汇,从而影响着大气中的 CO_2 浓度(张金波等,2003)。王国兵等(2009)研究表明,在不同土地利用类型中,农田的土壤呼吸速率最大,土壤呼吸速率的大小依次为:农田>经济林>栎林>毛竹林>松林。农田向森林的转化通常导致土壤有机质的增加,使 CO_2 通量下降。草地的过度放牧和开垦通常会导致土壤中有机碳的大量释放,使 CO_2 通量上升。就全球平均而言,草地转化为农田导致1m深度土层内的土壤碳

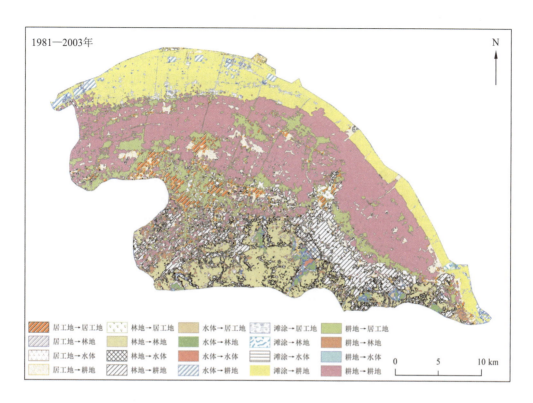
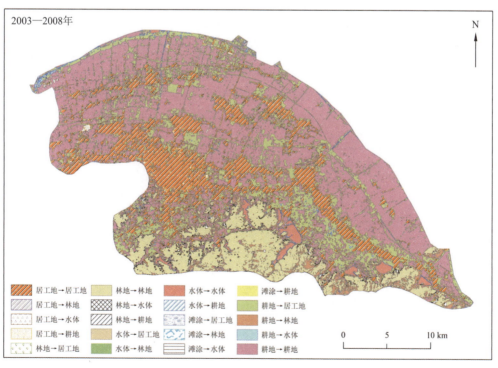

图 5-11 慈溪市地类转移空间分布

损失20%～30%(Wbgu,1998)。

由慈溪市土地利用变化的碳源汇效应(表5-9)可见,慈溪市土地利用特征有耕地向居工地转变的特征,碳源汇效应达-11.23Tg;其次为林地转变为其他用地类型过程中,导致了1.90Tg的有机碳碳源效应。居工地转变为其他用地类型过程表现为显著的碳汇效应,1981—2008年期间,土壤有机碳碳汇达3.70Tg;值得注意的是,慈溪市的滩涂地在转化为耕地后,固碳能力显著提升,随着耕种年限的增加,土壤熟化程度不断提高,成为慈溪市主要碳汇区之一。总体而言,1981—2008年期间慈溪市的土地利用变化导致了7.92Tg的土壤有机碳损耗。

表5-9 慈溪市土地利用变化的碳源汇效应

土地利用	时间段	耕地/Tg	居工地/Tg	林地/Tg	水体/Tg
耕地	1981—2003年		-4.33	-0.02	-0.39
	2003—2008年		-5.37	0.00	-1.11
居工地	1981—2003年	2.77		0.46	0.00
	2003—2008年	0.44		0.02	0.00
林地	1981—2003年	-0.19	-1.26		-0.37
	2003—2008年	0.00	-0.07		-0.01
水体	1981—2003年	0.65	0.00	0.32	
	2003—2008年	0.02	0.00	0.02	
滩涂	1981—2003年	0.65	-0.15	0.00	-0.01
	2003—2008年	/	/	/	/

注:"/"表示缺乏相关参数未计算。

第六章 土壤固碳潜力估算

全球地表1m深土壤中有机碳储量约为1500Pg,其中农田土壤中约为160Pg(Stockmann et al.,2013)。农田土壤中的农田耕作是土壤中最大规模的人类活动,农田耕作活动能造成土壤有机碳含量的显著下降,历史上全球土壤碳库的损失量可能高达50~55Pg。近年来的研究显示,如采取适当的农田管理措施或耕作制度,全球农田土壤的固碳潜力可达0.4~0.8Pg/a(Lal,2004)。美国和欧洲的农田土壤固碳速率分别达到60~70Tg/a和90~120Tg/a(Freibauer et al.,2004;Sperow et al.,2003),相当于削减同期碳年排放量的5%~7%。我国1980—2000年间农田土壤有机碳年平均固碳速率为21.9Tg/a,总固碳量为437Tg(Huang et al.,2010);1982—2006年间我国农田表土(0~20cm)有机碳库平均增加$(24.1±15.8)$~$(27.1±21.9)$Tg/a,近25a来的累计增加值达$(0.58±0.38)$~$(0.65±0.53)$Pg(Pan et al.,2006),表明农田土壤具备在较短时间尺度进行碳库调节的功能,是有效减缓大气CO_2不断升高的重要途径,因而增加全球农田土壤碳库储量及其固碳能力被认为是评估近期温室气体减排潜力的重要依据。

第一节 基本概念

土壤固碳潜力是指在一定气候、地形、母质条件和土地利用方式下,土壤碳从现有状态达到一个新的稳定状态时的差值(West et al.,2004)。全球不同地区农田土壤碳含量的长期观测发现,土壤有机碳库与碳平均输入水平在土壤有机碳不饱和时呈线性相关(Kong et al.,2005),在土壤有机碳饱和状态时土壤有机碳库不再增长,表明土壤固碳潜力可能是一个具有上限的动态平衡过程(Six et al.,2002);即土壤中有机碳处于不饱和状态时,当外源有机碳输入大于输出时,土壤碳表现为持续增加的特征;输入输出达到平衡后,土壤有机碳会保持在一稳定状态不再发生变化。若此时改变农业管理措施,使外源碳投入量加大,平衡则随之被打破,土壤碳再次表现为增加并逐次达到新的稳定态。新稳定态随输入量的增加不断升级,直到增加输入不再引起土壤有机碳库的增长,此时土壤碳库的变化量为0,即可视为土壤有机碳达到饱和。

第二节 固碳潜力估算

基于固碳潜力可实现程度,将固碳潜力分为理想固碳潜力和现实固碳潜力。理想固碳潜力是指将当前所有区域有机碳水平提升到当前有机碳含量的最高水平,土壤中还能容纳的碳。由于不同区域环境条件不同,不可能完全实现,因此把这种潜力称之为理想固碳潜力。现实固碳潜力是指将土壤有机碳提高到环境条件允许的最高水平即为饱和水平时,土壤中还能容纳的碳。现实固碳潜力是可以通过改变人为管理措施等技术手段实现的潜力。

一、最大值法估算

(一)估算方法

最大值法是将该土壤类型中有机碳含量的最大值与每个实测数值之差视为该点土壤有机碳的增加潜力。主要是基于全国第二次土壤普查时期数据、2002—2005年的浙江省农业地质环境调查项目地球化学调查数据、2007—2010年的浙江省基本农田质量调查试点项目数据和本项目调查共4期数据,找出其中土壤有机碳含量的最大值,作为土壤碳库的饱和水平,并对应当前土壤碳密度进行差值比较,计算表层土壤的固碳潜力,数学表达式如下:

$$\Delta SOCD_i = \text{Max}(SOCD_{80S}, SOCD_{02}, SOCD_{08}) - SOCD_{14} \quad (6-1)$$

式中:$\Delta SOCD_i$ 即为 i 类土壤单元的固碳潜力;$\text{Max}(SOCD_{80S}, SOCD_{02}, SOCD_{08})$ 为全国第二次土壤普查、多目标区域地球化学调查、基本农田试点调查所查明的 i 类土壤单元表层有机碳密度的最大值;$SOCD_{14}$ 为本项目调查发现的 i 类表层有机碳密度的现状值。

(二)估算结果

以采样单元划分,最大土壤碳密度均值($\overline{SOCD_{max}}$)排序为水稻土(5.40kg/m^2)>红壤(4.63kg/m^2)>粗骨土(4.22kg/m^2)>潮土(3.49kg/m^2)>滨海盐土(3.04kg/m^2);固碳潜力方面,粗骨土具有最大潜力,为2.53kg/m^2;潮土具有最小潜力,为0.86kg/m^2,但因工作区潮土面积较大,故其固碳潜力总量为0.073Tg,为几种土壤类型最大,红壤与之相近,为0.072Tg,水稻土居中,为0.066Tg,滨海盐土和粗骨土分别为0.036Tg和0.023Tg(表6-1)。

表6-1 研究区表层土壤固碳潜力

土壤类型	$\overline{SOCD_{max}}/(\text{kg}\cdot\text{m}^{-2})$	$\overline{\Delta SOCD}/(\text{kg}\cdot\text{m}^{-2})$	$PSOCS_{0\sim20cm}/\text{Tg}$
滨海盐土	3.04	0.89	0.036
潮土	3.49	0.86	0.073
粗骨土	4.22	2.53	0.023
红壤	4.63	2.31	0.072
水稻土	5.40	1.24	0.066
合计			0.27

图6-1为根据历史观察数据比较法,各采样单元的表层土壤有机碳固碳潜力分布图,研究区南部红壤区土壤固碳潜力较高,北部滨海盐土区固碳潜力中等,而中部潮土区及南部水稻土和粗骨土分布区的土壤固碳潜力相对较弱。

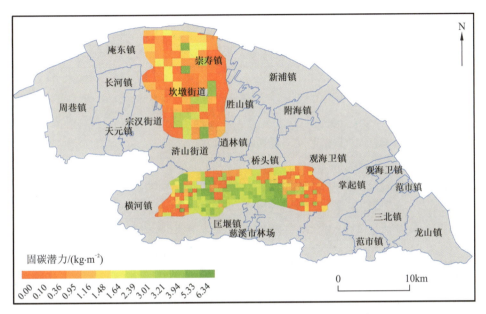

图6-1 最大值法估算研究区表层土壤固碳潜力分布图

二、平衡法估算

(一)估算方法

土壤碳库与土壤碳输入量之间的动态平衡原理,为用平衡法研究土壤固碳潜力提供了理论基础。由于土壤碳储量是指一定面积内一定深度土壤的碳储量(质量),而土壤碳密度是指单位面积中一定厚度的土层中碳储量(质量),因此,土壤碳密度是一个可以进行全球对比的基本参数。

对有多个时段土壤有机碳调查、监测记录的研究对象而言,根据土壤碳库与土壤碳输入量之间的动态平衡原理,通过构造土壤初始时段土壤有机碳密度($SOCD_{intial}$)与现时土壤有机碳密度($SOCD_{present}$)与初始时段有机碳密度变化量($SOCD_{intial-present}$)之间的线性函数,求出$SOCD_{intial-present}=0$时的SOCD值,该值即为土壤有机碳达到饱和时的有机碳密度,或者是该研究对象的最大土壤有机碳密度($SOCD_{max}$)(图6-2),其表征方法为:

$$\Delta SOCD = a \times SOCD_{intial} + b \quad (6-2)$$

当$\Delta SOCD=0$时,$SOCD_{intial}=SOCD_{max}$对应的土壤固碳潜力(Potential SOC Sequestration,PSOCS)可表述为:

$$PSOCS = (SOCD_{max} - SOCD_{present}) \times S \quad (6-3)$$

式中:PSOCS 为土壤的固碳潜力(kg);$SOCD_{max}$ 为土壤有机碳饱和状态下的最大有机碳密度(kg/m^2);$SOCD_{present}$ 为当前土壤中的有机碳密度(kg/m^2);S 为研究对象的面积(m^2)。

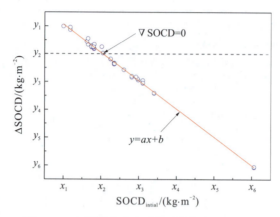

图 6-2 土壤固碳潜力平衡法估算模型示意图

(二)估算结果

1. 不同类型土壤固碳潜力

利用全国第二次土壤普查和本研究两期数据,通过平衡法分别对滨海盐土、潮土、粗骨土、红壤和水稻土的土壤最大碳密度进行了估算(表 6-2、图 6-3)。水稻土在传统耕作措施、施肥水平和气候条件下,$SOCD_{intial-present} = 0$ 时的 SOCD 值为 $5.40 kg/m^2$(表 6-2),也即滨海盐土 0~20cm 厚有机碳库达到新的稳定状态时最大土壤有机碳密度($SOCD_{max}$)为 $5.40 kg/m^2$;而现时土壤中的有机碳密度($SOCD_{present}$)为 $4.96 kg/m^2$,小于 $SOCD_{max}$,这意味着在目前的耕作措施下,水稻土将是一个 CO_2 的汇,粗骨土和红壤具有

表 6-2 研究区表层土壤固碳潜力

土壤类型	$S/(10^9 \times m^2)$	$SOCD_{present}/(kg \cdot m^{-2})$	$SOCD_{max}/(kg \cdot m^{-2})$	$PSOCS_{0\sim20cm}/Tg$
滨海盐土	3.03	1.69	1.53	-0.48
潮土	8.19	2.51	1.56	-7.78
粗骨土	0.56	3.01	4.22	0.68
红壤	2.20	2.25	4.63	5.22
水稻土	6.13	4.96	5.40	2.70
合计				0.34

注:S 为多目标调查区覆盖区耕地面积;$PSOCS_{20}$ 为 0~20cm 耕地有机碳固碳潜力。

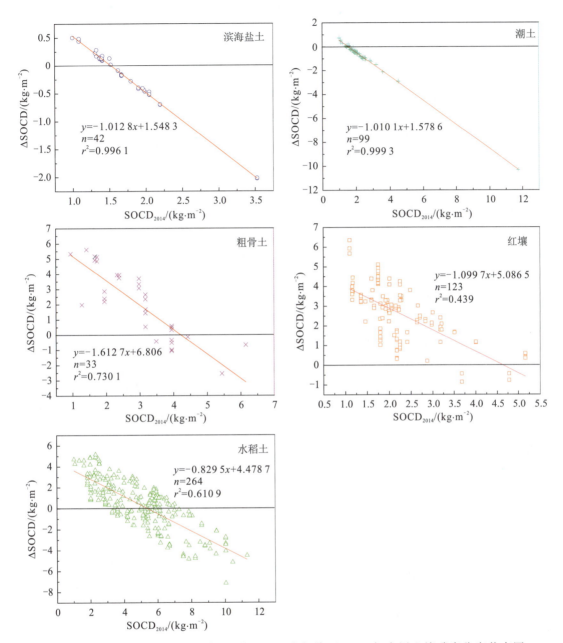

图 6-3 研究区不同类型土壤 20 世纪七八十年代至 2014 年表层土壤碳库稳定状态图

类似的变化规律,特别是红壤,因 $SOCD_{present}$ 远远小于 $SOCD_{max}$,成为研究区 CO_2 主要的汇,其潜在固碳潜力达 5.22Tg。与之相反,滨海盐土和潮土均表现为 $SOCD_{present}>SOCD_{max}$,表现为释放碳的过程,土壤总体为大气 CO_2 的源,特别是潮土 $SOCD_{present}$ 远远大于 $SOCD_{max}$,同时是研究区最大的土壤类型,其 0~20cm 土壤碳库表现为大气 CO_2 的源,潜在固碳潜力为-7.78Tg。

2. 固碳潜力空间分布格局

与历史观测数据比较法估算结果相类似,采样平衡法估算得到的研究区表层土壤固碳潜力如图6-4所示。北部的滨海盐土和潮土主要表现为碳源,固碳潜力介于-1.34～$-0.60 \text{kg} \cdot \text{m}^{-2}$,对应滨海盐土和潮土$-0.48 \text{Tg}$和$-7.78 \text{Tg}$的固碳潜力总量。另外,工作区东南部发育于潟湖相成土母质的水稻土亦表现为碳源。工作区南部发育于酸性火山岩风化物的红壤和西南部的水稻土表现为碳汇,特别是红壤固碳潜力高达5.22Tg。

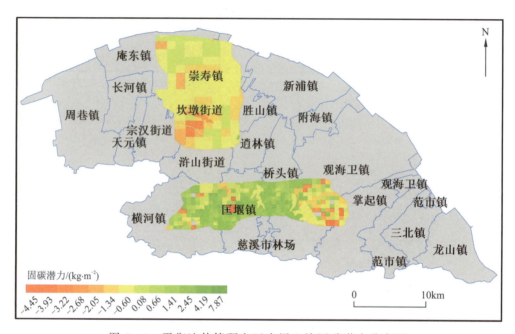

图6-4 平衡法估算研究区表层土壤固碳潜力分布图

三、地球化学背景法估算

勘查地球化学中化学元素背景和异常的概念认为,地球化学背景是指给定区域或地区内化学元素含量分布的正常变化(Levinson,1980)。地球化学异常则是指在给定区域或地区内化学元素含量分布或其他化学指标对正常地球化学模式的偏离。因此,对任何一种土壤类型或土地利用方式而言,类似于其他元素,土壤中有机碳含量均有一个正常的背景变化范围,达到背景变化范围上限的有机碳含量应是自然状态下该类土壤有机碳的最大容量,超过背景变化范围的有机碳含量则指示存在各种干扰活动。

一般认为元素含量在地球化学场中的分布接近正态分布或对数正态分布,含量变化的偏离程度可通过算术平均值与标准离差进行估计(Salminen and Gregorauskien,2000)。但近年大量的地球化学填图数据显示,由于地表系统复杂的生物地球化学过程及人类活动对地表系统高强度的扰动作用,大多数元素的含量已不服从正态或对数正态的分布规律,此时可用中位值(Me)与绝对中位值差(Median Absolute Deviation,MAD)的稳健统计方法来描述地球化学背景值和基准值的变化范围,以消除一些与均值相差较远的离群数据在求均值和方差时,尤其是求方差时对结果产生较大的影响(Reimann and Filzmoser,2000)。

(一)估算方法

基于上述基本认识,对地表土壤 SOC 含量服从正态分布的土壤类型用算术平均值与标准离差(σ)来估计背景变化的上/下限,其计算公式为:

$$SOCD_{upper} = (\overline{SOC} + 2\sigma) \times \rho \times H \times 10 \times (1 - R/100)/10 \quad (6-4)$$

$$SOCD_{low} = (\overline{SOC} - 2\sigma) \times \rho \times H \times 10 \times (1 - R/100)/10 \quad (6-5)$$

对于不服从正态或对数正态分布的数据而言,通过 MAD 的方法来获取 $SOCD_{upper}$:

$$SOC_{Me} = X_{(n+1)/2} \; X_{Me} = x_{\frac{n+1}{2}}, n \text{ 为奇数}$$

$$SOC_{Me} = \frac{1}{2}(X_{(n+1)/2} + X_{(n/2+1)}), n \text{ 为偶数}$$

$$MAD = \text{median}_i(|SOCD_i - \text{median}_j(x_j)|)$$

$$SOCD_{upper} = (SOC_{Me} + 2MAD) \times \rho \times H \times 10 \times (1 - R/100)/10 \quad (6-6)$$

$$SOCD_{low} = (SOC_{Me} - 2MAD) \times \rho \times H \times 10 \times (1 - R/100)/10 \quad (6-7)$$

式中:$SOCD_{upper}$ 和 $SOCD_{low}$ 分别为土壤碳密度变化的背景上限和下限(kg/m^2);SOC 和 SOC_{Me} 分别为土壤有机碳的平均含量和中位数(%);σ 为标准离差;MAD 为绝对中位差;ρ 为 H 深度时的土壤容重(g/cm^3);H 为土壤深度(cm),本书中 $H = 20m$;R 为土壤砾石含量;10 为单位换算系数。

则固碳潜力(PSOCS)可表述为:

$$PSOCS = (SOCD_{upper} - SOCD_{presnet}) \times S \quad (6-8)$$

式中:PSOCS 为土壤的固碳潜力(kg);$SOCD_{upper}$ 和 $SOCD_{present}$ 分别为土壤有机碳密度和当前有机碳密度($kg \cdot m^{-2}$);S 为研究对象的面积(m^2)。

(二)估算结果

对工作区不同类型土壤表层 SOC 的正态分布检验显示(表 6-3),滨海盐土、粗骨土和水稻土 3 种土壤类型的 SOC 含量呈正态分布;潮土和红壤 2 类样本量较大的土壤类型 SOC 含量符合对数正态分布特征。对比不同土壤类型发现,水稻土的 $SOCD_{upper}$ 值最大,高达 $9.38kg/m^2$,粗骨土和红壤的 $SOCD_{upper}$ 值分别为 $4.87kg/m^2$ 和 $3.07kg/m^2$。

对研究区各类土壤表层耕地的 $SOCD_{upper}$ 与 $SOCD_{present}$ 之差($\Delta SOCD$)研究显示,单位面积水稻土具有最大的土壤固碳潜力,高达 $4.42kg/m^2$,$\Delta SOCD$ 的排序为水稻土($4.4kg/m^2$)>粗骨土($1.86kg/m^2$)>滨海盐土($0.95kg/m^2$)>红壤($0.82kg/m^2$)>潮土($0.21kg/m^2$)。对研究区不同类型土壤固碳潜力总量估算结果表明,水稻土具有最高的固碳潜力,为 27.08Tg,滨海盐土为 2.88Tg,红壤为 1.79Tg,潮土为 1.71Tg,粗骨土由于

表 6-3 不同类型土壤表层 SOC 统计参数

土壤类型	统计参数										分布模式
	N	Min/%	Max/%	Mean/Me^a/%	σ/MAD^b/%	CV	Sk	Bk	$SOCD^c_{upper}$/(kg·m^{-2})	$SOCD^d_{low}$/(kg·m^{-2})	PSOCS/Tg	
滨海盐土	23	0.40	1.33	0.66	0.19	0.04	1.92	5.68	2.64	0.71	2.88	正态
潮土	56	0.42	4.34	0.80	0.14	0.29	5.10	32.10	2.72	1.31	1.71	对数正态
粗骨土	15	0.45	2.43	1.09	0.52	0.27	0.98	0.57	4.87	0.11	1.04	正态
红壤	56	0.41	2.04	0.89	0.19	0.12	0.90	1.12	3.07	1.23	1.79	对数正态
水稻土	149	0.46	4.42	2.16	0.91	0.83	0.41	−0.36	9.38	0.80	27.08	正态
合计											34.5	

注：a 表示正态分布时为算数平均值(Mean)，非正态分布时为中位值(Me)；b 表示正态分布为标准离差(σ)，非正态分布时为绝对中位差(MAD)；c 表示正态分布时 $SOCD_{upper}=Mean+2\sigma$，非正态分布时 $SOCD_{upper}=Median+2MAD$；d 表示正态分布时 $SOCD_{low}=Mean-2\sigma$，非正态分布时 $SOCD_{low}=Median-2MAD$。

面积较大，对应的固碳潜力亦最小，为 1.04Tg。工作区土壤固碳潜力空间分布如图 6-5 所示，在工作区北部的滨海盐土和潮土区，具有较小的土壤固碳潜力，部分地区呈碳源作用；工作区南部的水稻土和红壤区，土壤主要呈碳汇特征，特别是水稻土固碳潜力显著高于其他类型土壤。

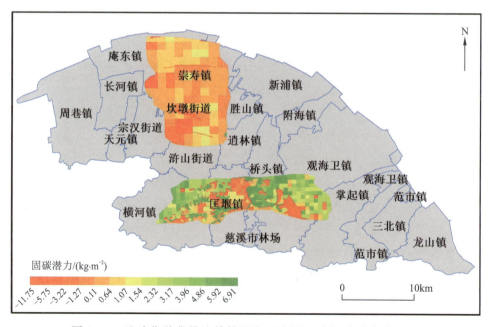

图 6-5 地球化学背景法估算研究区表层土壤固碳潜力分布图

第三节 不同估算方法固碳潜力对比

不同估算方法对同一地区估算结果差异较为明显,其中基于地球化学背景法的固碳潜力估算值最大。该方法估算结果为理论水平,鉴于各种自然和人为因素限制,这一估算结果仅作理论参考。最大值法是一种比较实际的有机碳估算方法,具有较强的参考价值,但其没有考虑土壤对碳的最大固持能力,往往容易低估土壤固碳潜力。与最大值法相比,平衡法基于土壤有机质含量变化量与土壤初始有机碳含量之间的线性关系,求得变化量为0时的有机碳含量即为该土壤类型的有机碳饱和含量,再将饱和含量与现势含量之间的差值作为固碳潜力,此估算方法容易受到当前越来越强的人类活动的影响,更加适用于没有高强度人类破坏的自然土壤或者背景样地,在当前耕作管理方式下,达到平衡的土壤往往较难发现(表6-4)。

表6-4 不同土壤固碳潜力估算方法特征对比

估算方法	最大值法	平衡法	地球化学背景法
特征	没有考虑土壤对碳的最大固持能力,往往容易低估土壤固碳潜力	根据一定区域某个时间段土壤有机碳含量变化趋势,按照土类分别统计模拟各种土壤有机碳碳变化量和初始含量之间的拟合关系曲线,获得土壤有机碳变化量为0时对应的土壤碳储量即为调查区该类土壤有机碳饱和值;再利用获得的碳饱和含量减去当前含量进行统计计算农耕区未来可能达到的碳汇潜力	按土壤类型分别进行土壤有机碳含量地球化学统计,首先以土壤有机碳含量累频的97.5%作为有机碳饱和含量计算农耕区最大固碳潜力;其次以迭代剔除均值±2倍的标准差获得同种土壤有机碳含量饱和值,计算管理可达固碳潜力

第四节 土壤固碳潜力经济效益评价

依据中国碳排放交易网数据显示,上海、湖北、重庆和天津4个碳排放交易市场的碳排放交易价格自2014年以来出现小幅波动,并于2015年上半年大体稳定在20~30元/t之间。而北京、深圳、广东3个碳排放交易市场的碳排放交易价格从2014年以来有大幅下降,最终广东交易市场的碳排放价格稳定在20~30元/t之间,而北京与深圳交易市场的碳排放价格稳定在40~50元/t之间(图6-6)。

根据研究区固碳潜力的估算结果,按照如下公式计算研究区土壤固碳潜力的经济效益。

$$P = k \times SOCR \tag{6-9}$$

式中:P为土壤固碳潜力的经济效益(万元);k为平均碳排放交易价格(元/t);SOCR为

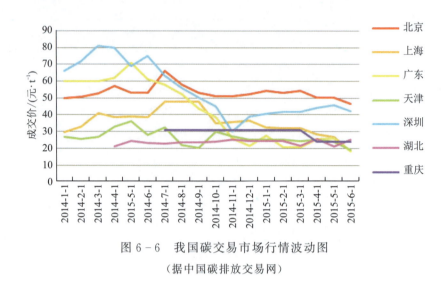

图 6-6 我国碳交易市场行情波动图
(据中国碳排放交易网)

研究区土壤固碳潜力(Tg)。以广东、上海、天津、湖北和重庆的稳定碳排放交易价格 20~30 元/t 来计算,研究区表层土壤固碳潜力的经济效益至少为 540 万元。若以北京、深圳碳交易市场的 40~50 元/t 来计算,则研究区的固碳潜力经济效益至少为 1080 万元。

第七章 结论与建议

第一节 主要结论

(1)研究区表层(0～20cm)土壤有机碳密度介于 0.95～11.75kg/m² 之间,不同类型土壤有机碳平均值变化范围为 1.65～5.06kg/m²,滨海盐土的有机碳密度显著较低,而水稻土则显著较高,总体平均值为 3.70kg/m²。从变异系数来看,滨海盐土和红壤的变异系数较小,分别为 31% 和 38%,而水稻土及潮土有机碳密度变异系数较大,分别为 76% 和 64%。各类土壤垂直剖面中 SOC 和 SOCD 含量的分布模式显示,无论是耕作水平相对较低的滨海盐土,还是耕作水平相对较高的水稻土 SOC 的含量水平与剖面深度之间均服从指数分布。

(2)分别按照土壤类型、采样单元和成土母质对研究区的当前土壤碳储量进行估算,估算结果差异较小,分别为 0.50Tg、0.63Tg 和 0.60Tg。总体而言,从 20 世纪七八十年代的全国第二次土壤普查时期至今,土壤有机碳密度呈下降趋势,表层土壤有机碳储量减少了约 0.39Tg。土壤理化性质、土壤风化发育程度、围垦年限和土地利用类型转化等因素均与土壤有机碳含量具有显著相关性。

(3)土壤近地高光谱技术作为一种快速、便捷且经济的观测手段,可有效地反演表层土壤中有机碳的含量。统计结果表明,SVMR 模型预测 SOC 的精度优于 PLSR 和 WNN 模型,SVMR 模型的预测精度分为非常好和优秀(R_P^2 分别为 0.83 和 0.92;RPD_P 分别为 2.18 和 2.81)。在光谱预处理方面,在 PLSR 和 WNN 技术中,lgR^{-1} 方法优于 REF 和 FDR 方法,但 FDR 方法与 SVMR 相结合得到的模型具有最高的精度和可靠性($R_P^2=0.92$;$RMSE_P=0.36$;$RPD_P=2.81$)。因此,对于杭州湾南部农田土壤而言,建议采用 FDR - SVMR 模型来解决高光谱 SOC 含量预测过程中的非线性关系问题。

(4)分别采用最大值法、平衡法和地球化学背景法估算了研究区表层土壤固碳潜力(PSOCS),估算固碳潜力分别为 0.27Tg、0.34Tg 和 34.5Tg,最大值法和平衡法估算结果较为接近,而与地球化学背景法估算结果差异较大。不同估算方法得到的固碳潜力分布趋势相对一致,即研究区南部的红壤和水稻土区具有较高的固碳潜力,而研究区北部的滨海盐土和潮土区固碳潜力则相对较低,表层土壤呈碳源状态。

第二节 工作展望

(1)加强土壤碳储量、碳源汇变化及固碳潜力研究。查明浙江省耕地土壤总碳、深层土壤有机碳及容重,准确估算全省土壤碳储量,摸清土壤碳库家底是分区制定土壤固碳增汇的基础。建议充分利用调查、试验研究和遥感等数据,完善土壤固碳潜力的估算方法,分析估算结果的不确定性,探索建立耕地碳汇核算体系。建立10年为1个周期的土壤碳储量调查制度,加强调查数据资料的分类整合、综合分析,形成一次调查、各方共享、长期使用的良性机制,为准确研判土壤碳源汇变化趋势提供依据。

(2)构建耕地碳汇能力固定提升技术体系。在浙江省土壤碳储量及固碳潜力估计的基础上,围绕稻田固碳增汇的关键环节,对水稻保护性耕作、秸秆还田、精准施肥等技术进行系统集成优化,形成因地制宜的技术体系和操作规程,建立稻田固碳增汇评价指标体系,研发稻田固碳增汇熟化技术模式,初步构建适宜浙江省不同区域的稻田碳汇能力固定提升技术清单。与此同时,针对新垦耕地存在的有机质缺乏问题,将增施有机肥、适量施用碱性改良剂、保护性耕作等技术进行系统集成优化,形成因地制宜的新垦造耕地地力提升技术体系,研发新垦造耕地固碳增汇熟化技术模式。

(3)建立土壤碳源汇监测网络。利用浙江省已有的土壤碳地球化学调查成果资料,全面梳理以往关于耕地碳源汇监测的方法和技术体系,在此基础上,研究浙江省耕地土壤碳源汇监测技术及指标体系,制定监测标准规范,建立浙江省耕地土壤碳源汇监测网络,重点加强土壤有机碳的周转过程研究,科学评估浙江省土壤碳库与全球变暖的响应关系。

主要参考文献

程琨,潘根兴,田有国,等,2009.中国农田表土有机碳含量变化特征——基于国家耕地土壤监测数据[J].农业环境科学学报,28(12):2476-2481.

方精云,郭兆迪,朴世龙,等,2007.1981—2000年中国陆地植被碳汇的估算[J].中国科学:D辑,37(6):804-804.

傅清,赵小敏,袁芳,2010.江西省农田耕层土壤有机碳量分析[J].土壤通报(4):835-838.

龚子同,1983.红色风化壳的生物地球化学[M]//李庆迪.中国红壤.北京:科学出版社.

韩冰,王效科,欧阳志云,2005.中国农田生态系统土壤碳库的饱和水平及其固碳潜力[J].农村生态环境,21(4):6-11.

黄镇国,张伟强,陈俊鸿,等,1996.中国南方红色风化壳[M].北京:海洋出版社.

李忠佩,吴大付,2006.红壤水稻土有机碳库的平衡值确定及固碳潜力分析[J].土壤学报,43(1):47-50.

刘定辉,蒲波,陈尚洪,等,2008.秸秆还田循环利用对土壤碳库的影响研究[J].西南农业学报,21(5):1316-1319.

刘纪远,王绍强,陈镜明,等,2004.1990—2000年中国土壤碳氮蓄积量与土地利用变化[J].地理学报,59(4):483-496.

刘纪远,张增祥,徐新良,等,2009.21世纪初中国土地利用变化的空间格局与驱动力分析[J].地理学报,64(12):1411-1420.

罗怀良,王慧萍,陈浩,2010.川中丘陵地区近25年来农田土壤有机碳密度变化——以四川省盐亭县为例[J].山地学报(2):212-217.

牟乃夏,刘文宝,王海银,等,2012.ArcGIS 10地理信息系统教程:从初学到精通[M].北京:测绘出版社.

潘根兴,1999.中国土壤有机碳、无机碳库量研究[J].科技通报,15(5):330-332.

潘根兴,2008.中国土壤有机碳库及其演变与应对气候变化[J].气候变化研究进展(5):282-289.

潘根兴,赵其国,2005.我国农田土壤碳库演变研究:全球变化和国家粮食安全[J].地球科学进展,20(4):384-393.

史利江,郑丽波,张卫国,等,2010.上海土壤有机碳储量及其空间分布特征[J].长江流域资源与环境,19(12):1442-1447.

孙文娟,黄耀,张稳,等,2008.农田土壤固碳潜力研究的关键科学问题[J].地球科学进展,23(9):996-1004.

王国兵,唐燕飞,阮宏华,等,2009.次生栎林与火炬松人工林土壤呼吸的季节变异及其主要影响因子[J].生态学报(2):418-427.

王磊,段学军,2010.长江三角洲地区城市空间扩展研究[J].地理科学,30(5):702-709.

王立刚,李虎,邱建军,等,2010.田间管理措施对土壤有机碳含量影响的模拟研究[J].中国土壤与肥料(6):29-37.

奚小环,杨忠芳,崔玉军,等,2010.东北平原土壤有机碳分布与变化趋势研究[J].地学前缘,17(3):213-221.

许信旺,潘根兴,曹志红,等,2007.安徽省土壤有机碳空间差异及影响因素[J].地理研究,27(6):1077-1086.

杨学明,张晓平,方华军,等,2003.用 RothC-26.3 模型模拟玉米连作下长期施肥对黑土有机碳的影响[J].中国农业科学,36(11):1318-1324.

袁可能,张友金,1964.土壤腐殖质氧化稳定性的研究[J].浙江农业科学,6(7):345-349.

曾永年,陈晓玲,靳文凭,2014.近10 a青海高原东部土地利用/覆被变化及碳效应[J].农业工程学报,30(16):275-282,344.

张慧智,史学正,于东升,等,2008.中国土壤温度的空间插值方法比较[J].地理研究,27(6):1299-1307.

张金波,宋长春,杨文燕,2003.三江平原不同土地利用方式下碳、氮的动态变化[J].吉林农业大学学报,25(25):548-550.

赵生才,2005.我国农田土壤碳库演变机制及发展趋势——第236次香山科学会议侧记[J].地球科学进展,20(5):587-590.

Annea N J P,Abd-Elrahmana A H,Lewis D B,et al.,2014. Modeling soil parameters using hyperspectral image reflectance in subtropical coastal wetlands[J]. International Journal of Applied Earth Observation and Geoinformation,33:47-56.

Arrouays D,Horn R,2019. Soil Carbon-4 per Mille - an introduction[J]. Soil and Tillage Research,188:1-2.

Askari M S,Cui J F,O'Rourke S M,et al.,2015. Evaluation of soil structural quality using VIS-NIR spectra[J]. Soil and Tillage Research,146:108-117.

Bartholomeus H M,Schaepman M E,Kooistra L,et al.,2008. Spectral reflectance based indices for soil organic carbon quantification[J]. Geoderma,145:28-36.

Batjes N H,1996. Total carbon and nitrogen in the soils of the world[J]. European Journal of Soil Science,47,151-163.

Ben-Dor E,Inbar Y,Chen Y,1997. The reflectance spectra of organic matter in the visible near-infrared and short wave infrared region(400~2500) during a controlled decomposition process[J]. Remote Sense of Environment,61(1):1-15.

Bruce J P,Frome M,Haites E,et al.,1999. Carbon sequestration in soils[J]. Journal of Soil & Water Conservation,54(1):382-389.

Cambou A,Cardinael R,Kouakoua E,et al.,2016. Prediction of soil organic carbon stock using visible and near infrared reflectance spectroscopy(VNIRS) in the field[J]. Geoderma,261(2):151-

159.

Chen Y L, Zhang Z S, Zhao Y, et al., 2018. Soil carbon storage along a 46-year revegetation chronosequence in a desert area of northern China[J]. Geoderma, 325: 28-36.

Cisty M, Bajtek Z, Bezak J, 2011. Support vector machine based model for water content in soil interpolation[J]. Geophysical Research Abstract, 13: 1-2.

Clairotte M, Grinand C, Kouakoua E, et al., 2016. National calibration of soil organic carbon concentration using diffuse infrared reflectance spectroscopy[J]. Geoderma, 276: 41-52.

Erzin Y, Rao B H, Singh D N, 2008. Artificial neural network models for predicting soil thermal resistivity[J]. International Journal of Thermal Sciences, 47(10): 1347-1358.

Feng C, Kissel D E, West L T, et al., 2000. Field-Scale Mapping of surface soil organic carbon using remotely sensed imagery[J]. Soil Science Society of America Journal, 64(2): 746-753.

Freibauer A, Rounsevell M, Smith P, et al., 2004. Carbon sequestration in the agricultural soils of Europe[J]. Geoderma, 122(1): 1-23.

Hazama K, Kano M, 2015. Covariance-based locally weighted partial least squares for high performance adaptive modeling[J]. Chemometr Intell Lab Sys, 146: 55-62.

Heinze S, Vohland M, Joergensen R G, et al., 2013. Usefulness of near-infrared spectroscopy for the prediction of chemical and biological soil properties in different long-term experiments[J]. Journal of Plant Nutrition & Soil Science, 176(4): 520-528.

Hong Y S, Liu Y L, Chen Y Y, et al., 2019. Application of fractional-order derivative in the quantitative estimation of soil organic matter content through visible and near-infrared spectroscopy [J]. Geoderma, 337: 758-769.

Huang Y, SUN W J, Zhang W, et al., 2010. Changes in soil organic carbon of terrestrial ecosystems in China: A mini-review[J]. Science China, 53(7): 766-775.

Kennard R W, Stone L A, 1969. Computer aided design of experiments[J]. Technometrics, 11(1): 137-148.

Knox N M, Grunwald S, 2018. Total soil carbon assessment: Linking field, lab, and landscape through VNIR modeling[J]. Landscape Ecology, 33: 2137-2152.

Kong A, Six J, Bryant D C, et al., 2005. The Relationship between carbon input, aggregation, and soil organic carbon stabilization in sustainable cropping systems[J]. Soil Science Society of America Journal, 69(4): 1078-1085.

Kuang B Y, Tekin Y, Mouazen A M, 2015. Comparison between artificial neural network and partial least squares for on-line visible and near infrared spectroscopy measurement of soil organic carbon, pH and clay content[J]. Soil & Tillage Research, 146: 243-252.

Kuang B, Mouazen A M, 2011. Calibration of visible and near infrared spectroscopy for soil analysis at the field scale on three European farms[J]. European Journal of Soil Science, 62(4): 629-636.

Kweon G, Maxton C, 2013. Soil organic matter sensing with an on-the-go opticalsensor[J]. Biosystems Engineering,115(1):66-81.

Lal R,2004. Soil carbon sequestration to mitigate climate change[J]. Geoderma,123(1-2):1-22.

Lal R,2008. Carbon sequestration[J]. Philosophical Transactions of the Royal Society of London, 363(1492):815-830.

Lal R,2016. Beyond COP 21:Potential and challenges of the "4 per Thousand" initiative[J]. Journal of Soil and Water Conservation,71(1):20A-25A.

Lal R,Negassa W,Lorenz K,2015. Carbon sequestration in soil[J]. Current Opinion in environmental sustainability,15:79-86.

Levinson A A,1980. Introduction to exploration geochemistry[M]. 2nd ed. Wilmette:Applied Publishing Ltd. Illinois,U. S. A.

Li S,Shi Z,Chen S,et al. ,2015. In situ measurements of organic carbon in soil profiles using vis-NIR spectroscopy on the Qinghai - Tibet plateau[J]. Environmental Science & Technology,49: 4980-4987.

Li Y L,Pan C,Meng X,et al. ,2015. Haar wavelet based implementation method of the non-integer order differentiation and its application to signal enhancement[J]. Measurment Science Review, 15(3):101-106.

Lucà F,Conforti M,Castrignanò A,et al. ,2017. Effect of calibration set size on prediction at local scale of soil carbon by Vis-NIR spectroscopy[J]. Geoderma,288:175-183.

Malley D F,Williams P C,1997. Use of near-infrared reflectance spectroscopy in prediction of heavy metals in freshwater sediment by their association with organic matter[J]. Environmental Science & Technology,31:3461-3467.

Minasny B,Arrouays D,McBratney A B,et al. ,2018. Rejoinder to comments on minasny et al. , 2017 soil carbon 4 per mille Geoderma 292,59-86[J]. Geoderma,309:124-129.

Minasny B,Malone B P,McBratney A B,et al. ,2017. Soil carbon 4 per mille[J]. Geoderma,292:59-86.

Mouazen A M,Kuang B,Baerdemaeker J D,et al. ,2010. Comparison among principal component, partial least squares and back propagation neural network analyses for accuracy of measurement of selected soil properties with visible and near infrared spectroscopy[J]. Geoderma,158 (1-2):23-31.

Pan G X,Zhou P,Zhang X H,et al. ,2006. Effect of disserent fertilization practices on crop carbon assimilation and soil carbon sequestration:A case of a paddy under a long-term fertilization trial from the TaiLake region,China[J]. Acta Ecologica Sinica,26(11):3704-3710.

Parton W J,Scurlock J M O,Ojima D S,et al. 1993. Observations and modeling of biomass and soil organic matter dynamics for the grassland biome worldwide[J]. Global Biogeochemical Cycles, 7:785-809.

Reimann C,Filzmoser P,2000. Normal and lognormal data distribution in geochemistry:Death of a myth. Consequences for the statistical treatment of geochemical and environmental data[J].

Environmental Geology,39(9):1001-1014.

Saggar S,Yeates G W,Shepherd T G,2001. Cultivation effects on soil biological properties, microfauna and organic matter dynamics in Eutric Gleysol and Gleyic Luvisol soils in New Zealand [J]. Soil & Tillage Research,58(1-2):55-68.

Salminen R,Gregorauskien V,2000. Considerations regarding the definition of a geochemical baseline of elements in the surficial materials in areas differing in basic geology[J]. Applied Geochemistry,15(5):647-653.

Samadianfard S,Asadi E,Jarhan S,et al.,2018. Wavelet neural networks and gene expression programming models to predict short-term soil temperature at differentdepths[J]. Soil & Tillage Research,175:37-50.

Schlerf M,Atzberger C,Joachim H,et al.,2010. Retrieval of chlorophyll and nitrogen in Norway spruce(Picea abies L. Karst.) using imaging spectroscopy[J]. International Journal of Applied Earth Observation and Geoinformation,12:17-26.

Shao Y N,He Y,2011. Nitrogen,phosphorus,and potassium prediction in soils,using infrared spectroscopy[J]. Soil Res,49:166-172.

Shi T Z,Cui L J,Wang J J,et al.,2013. Comparison of multivariate methods for estimating soil total nitrogen with visible/near-infrared spectroscopy[J]. Plant & Soil,366(1-2):363-375.

Sims Z R,Nielsen G A,1986. Organic carbon in Montana soil as related to clay content and climate [J]. Soil Science Society of America Journal,50:1269-1271.

Six J,Feller C,Denef K,et al.,2002. Soil organic matter,biota and aggregation in temperate and tropical soils - Effects of no-tillage[J]. Agronomie,22(7):755-775.

Sollins P,Homann P,Caldwell B A,1996. Stabilization and destabilization of soil organic matter: Mechanisms and controls[J]. Geoderma,74(1-2):65-105.

Song G,Li L,Pan G,et al.,2005. Topsoil organic carbon storage of China and its loss by cultivation [J]. Biogeochemistry,74(1):47-62.

Sperow M,Eve M,Paustian K,2003. Potential soil C sequestration on U. S. agricultural soils[J]. Climatic Change,57(3):319-339.

Stenberg B,Viscarra Rossel R A,Mouazen A M,et al.,2010. Visible and near infrared spectroscopy in soil science[J]. Adv Agron,107:163-215.

Stevens A,Udelhoven T,Denis A,et al.,2010. Measuring soil organic carbon in croplands at regional scale using airborne imaging spectroscopy[J]. Geoderma,158:32-45.

Stockmann U,Adams M A,Crawford J W,et al.,2013. The knowns, known unknowns and unknowns of sequestration of soil organic carbon[J]. Agriculture, Ecosystems & Environment, 164:80-99.

Tao F,Palosuo T,Valkama E,et al.,2019. Cropland soils in China have a large potential for carbon sequestration based on literature survey[J]. Soil and tillage research,186:70-78.

Thissen U,Pepers M,üstün B,et al.,2004. Comparing support vector machines to PLS for spectral regression applications[J]. Chemometrics & Intelligent Laboratory Systems,73(2):169-179.

Viscarra Rossel R A,Behrens T,2010. Using data mining to model and interpret soil diffuse reflectance spectra[J]. Geoderma,158:46-54.

Viscarra Rossel R A,Behrens T,Ben-Dor E,et al.,2016. A global spectral library to characterize the world's soil[J]. Earth-Science Reviews,155:198-230.

Viscarra Rossel R A,Lark R M,2009. Improved analysis and modelling of soil diffuse reflectance spectra using wavelets[J]. European Journal of Soil Science,60:453-464.

Viscarra Rossel R A,Walvoort D J J,Mcbratney A B,et al.,2006. Visible,near infrared,mid infrared or combined diffuse reflectance spectroscopy for simultaneous assessment of various soil properties[J]. Geoderma,131(1-2):59-75.

Vohland M,Besold J,Hill J,2011. Comparing different multivariate calibration methods for the determination of soil organic carbon pools with visible to near infrared spectroscopy[J]. Geoderma,166:198-205.

Wang W S,Ding J,2003. Wavelet network model and its application to the prediction of hydrology[J]. Nature and Science,1:67-71.

West T O,Marland G,King A W,et al.,2004. Carbon management response curves:Estimates of temporal soil carbon dynamics[J]. Environmental Management,33(4):507-518.

Xi X H,Yang Z F,Cui Y J,et al.,2011. A study of soil organic carbon distribution and storage in the Northeast Plain of China[J]. Geoscience Frontiers,2(2):115-123.

Xu S X,Zhao Y C,Wang M Y,et al.,2018. Comparison of multivariate methods for estimating selected soil properties from intact soil cores of paddy fields by Vis-NIR spectroscopy[J]. Geoderma,310:29-43.

Yu T,Fu Y S,Hou Q Y,et al.,2018. Soil organic carbon increase in semi-arid regions of China from 1980s to 2010s[J]. Applied Geochemistry,116:1-10.

Yu Y,Liu Q,Wang Y B,et al.,2016. Evaluation of MLSR and PLSR for estimating soil element contents using visible/near-infrared spectroscopy in apple orchards on the Jiaodong peninsula[J]. Catena,137,340-349.

Zou P,Yang J S,Fu J R,et al.,2010. Artificial neural network and time series models for predicting soil salt and water content[J]. Agricultural Water Management,97(12):2009-2019.